AMTLICHE LISTE DER SEESCHIFFE

der Bundesrepublik Deutschland

(einschließlich der sonstigen z. Z. zur Verfügung stehenden Schiffe)

mit

UNTERSCHEIDUNGSSIGNALEN

als

Anhang

zum Internationalen Signalbuch.

Abgeschlossen am 31. Oktober 1950

Herausgegeben, Bonn 1950

Der Bundesminister für Verkehr

WALTER DE GRUYTER & CO. · BERLIN W 35

Vormals G. J. Göschen'sche Verlagshandlung · J. Guttentag, Verlagsbuchhandlung · Georg Reimer · Karl J. Trübner · Veit & Comp.

1951

Archiv-Nr. 34 82 51

Satz: Walter de Gruyter & Co., Berlin W 35
Druck: „Buchkunst", Berlin W 35

Vorwort

Die „Amtliche Liste der Seeschiffe der Bundesrepublik Deutschland mit Unterscheidungssignalen“ ist ein Anhang zur amtlichen deutschen Ausgabe des am 1. Januar 1934 in Kraft getretenen „Internationalen Signalbuches 1931“.

Die Unterscheidungssignale der Seeschiffe stimmen mit ihren Funkrufzeichen überein und bestehen aus vier Buchstaben. Der erste oder die beiden ersten Buchstaben bezeichnen die Nationalität der Schiffe. Die Unterscheidungssignale der deutschen Seeschiffe beginnen sämtlich mit dem Buchstaben D.

Auf Grund der Bestimmungen des am 1. Januar 1949 in Kraft getretenen Weltnachrichtenvertrages Atlantic City 1947 verfügt Deutschland, das bis dahin über alle Signalgruppen des Buchstabens D bestimmte, nur noch über die Signalgruppen DAAA bis DMZZ. Da die übrigen Signalgruppen (DNAA bis DZZZ) anderen Staaten zugeteilt wurden, mußte eine Neuzuteilung von Unterscheidungssignalen/Funkrufzeichen an sämtliche Seeschiffe der Bundesrepublik Deutschland erfolgen.

Auf die Gebrauchsanweisung des „Internationalen Signalbuches 1931“ Band I, Nr. 30, 41, 43 und 135 sowie Band II Seite XVII wird hingewiesen. Im übrigen gelten die einschlägigen Bestimmungen der Gebrauchsanweisung jedes der beiden Bände. Die Buchstaben I und J kommen nebeneinander vor, ferner kann in einem Signal die gleiche Flagge (Buchstabe) mehrmals vorkommen, so daß die Hilfsstander des „Internationalen Signalbuches 1931“ Seite I (in älteren Ausgaben Band I, Seite XXVII) benutzt werden müssen (Gebrauchsanweisung „Internationales Signalbuch Band I, Nr. 79 bis 85“).

Da die Herausgabe der „Amtliche Liste“ erstmalig nach einer Unterbrechung von 11 Jahren erfolgt, waren für ihre Zusammenstellung zunächst längere Erhebungen notwendig, ohne daß eine Gewähr gegeben ist, daß alle Angaben einwandfrei sind. Sollten daher Unstimmigkeiten irgendwelcher Art festgestellt werden, müßte auch bei erforderlichen Ergänzungen der Bundesminister für Verkehr — Abteilung Seeverkehr — Hamburg, alsbald hiervon Kenntnis erhalten.

Die „Amtliche Liste“ enthält zwei durch ein blaues Blatt getrennte Teile. Der erste Teil besteht aus sechs Abschnitten: a) die Kauffahrteischiffe der Bundesrepublik Deutschland einschließlich der sonstigen z. Zt. zur Verfügung stehenden Schiffe, b) die Rettungsboote der Deutschen Gesellschaft zur Rettung Schiffbrüchiger, c) die Boote des Zollgrenzschutzes, d) die Minenräumfahrzeuge, e) die Bundes- und Länderfahrzeuge, f) die Feuerschiffe. Die Schiffe sind nach der Reihenfolge ihrer Unterscheidungssignale und die Feuerschiffe nach ihrer geographischen Lage von Ost nach West aufgeführt. Der zweite Teil enthält die Kauffahrteischiffe in alphabetischer Reihenfolge ihrer Namen. Der erste Teil dient also zur Feststellung eines bestimmten Schiffes nach seinem Unterscheidungssignal, der zweite zur Auffindung des Unterscheidungssignales eines Schiffes.

Das Unterscheidungssignal der mit Funk ausgerüsteten Kauffahrteischiffe (eigene Sende- oder Empfangsanlage, Funksprechanlage) ist in Schrägschrift *(Kursiv)* gesetzt. Neben dem Namen der mit Wasserschallanlagen oder Funk ausgerüsteten Behördenfahrzeuge sind besondere Zeichen ihrer Bedeutung entsprechend aufgeführt. Die auf ihrer Position liegenden Feuerschiffe führen die für ihre geographische Lage in der geographischen Liste des „Internationalen Signalbuches" festgelegte Signal- und Funkgruppe. Beim Verlassen der Position führen die Feuerschiffe und die Reservefeuerschiffe ein ihnen besonders zugeteiltes Unterscheidungssignal.

Die Zuteilung der Unterscheidungssignale erfolgt durch die zuständigen Seeschiffsregisterbehörden. Jedem deutschen Kauffahrteischiff wird bei der Eintragung in das Seeschiffsregister das Unterscheidungssignal zugeteilt und in seinem Schiffszertifikat vermerkt. Solange das Schiff unter deutscher Flagge fährt, behält es das ihm einmal zugeteilte Unterscheidungssignal auch beim Wechsel seines Heimathafens, der Registerbehörde oder bei etwaiger Namensänderung.

Für die Seeschiffe anderer Staaten, die das Internationale Signalbuch ebenfalls angenommen haben, sind ähnliche Listen vorhanden.

Bonn, im November 1950.

TEIL I

a) Die Kauffahrteischiffe

der

Bundesrepublik Deutschland

einschließlich der sonstigen z. Zt. zur Verfügung stehenden Schiffe

nach der Reihenfolge der Unterscheidungssignale.

(Das Unterscheidungssignal der mit Funk ausgerüsteten Schiffe ist in Schrägschrift [*Kursiv*] gesetzt.)

Unterscheidungssignale	Namen der Schiffe	Heimathafen der Schiffe	Kubikmeter Nettoraumgehalt	Registertons Nettoraumgehalt	PS
DABA	Adeline	Leer	250,1	88,28	130
DABB	Adonis	Hamburg-Finkenwdr.	52,8	18,65	120
DABC	Aachen	Bremerhaven	405,0	142,90	600
DABD	Albatross	Bremen	1419,0	501,00	1250
DABE	Alexander von Humboldt	Bremerhaven	693,0	244,60	1000
DABF	Alice Freymann	Hamburg	1846,9	651,97	750
DABG	Poseidon	Hamburg	1646,8	581,30	450
DABH	Anhalt	Bremen-Vegesack	258,0	91,08	150
DABJ	Annelies	Hamburg-Finkenwdr.	75,9	26,78	180
DABK	Antares	Bremerhaven	437,3	154,00	850
DABL	Antje	Hamburg-Finkenwdr.	66,1	23,32	180
DABN	Astrid	Hamburg	281,0	99,22	400
DABP	Balder	Glückstadt	259,3	91,54	150
DABQ	Bockenheim	Bremen	4245,5	1498,66	800
DABR	Baumwall	Hamburg	1431,8	505,42	650
DABS	Beluga	Hamburg	126,3	44,57	250
DABU	Berlin	Bremerhaven	405,1	143,00	600
DABV	Bernhard Janssen	Bremerhaven	562,6	198,62	850
DABW	Billwärder	Hamburg	234,3	82,71	400
DABX	Birte Lattmann	Hamburg	431,1	152,17	600
DACA	Borkumriff	Bremerhaven	244,0	86,00	400
DACB	Brahe	Bremerhaven	501,3	176,97	750
DACC	Bremen	Bremerhaven	443,0	156,00	900
DACE	Bürgermeister Smidt	Bremerhaven	561,5	198,22	800
DACF	Bussard	Bremerhaven	230,0	81,00	400
DACG	Butt	Bremen	1142,3	403,24	580
DACH	Carl J. Busch	Cuxhaven	317,4	112,03	650
DACI	Celle	Cuxhaven	324,0	116,00	700
DACJ	Christian	Lübeck	1347,7	475,70	470
DACK	Christian Russ	Hamburg	1550,0	547,16	650
DACL	Claus Ebeling	Bremerhaven	462,0	163,00	735
DACM	C. P. Andersen	Hamburg	431,1	152,17	600

DACO — DAEL

Unterscheidungssignale	Namen der Schiffe	Heimathafen	Kubikmeter Nettoraumgehalt	Registertons Nettoraumgehalt	PS
DACO	Crefeld	Hamburg	304,5	107,50	450
DACP	Dalälfven	Hamburg	2510,9	886,35	700
DACQ	Danzig	Kiel	182,8	64,38	2×700
DACR	Delphin	Hamburg	303,2	107,01	400
DACS	Delaware	Bremerhaven	304,0	108,38	735
DACU	D. Dreesmann-Penning	Emden	257,0	90,62	150
DACW	Drossel	Bremen	1563,9	552,06	600
DACX	Düsseldorf	Hamburg	1811,1	639,33	900
DACY	Eifel	Bremerhaven	319,0	112,00	565
DACZ	Elin	Bremen	986,6	348,28	300
DADA	Elsbeth Bartels	Cuxhaven	243,7	104,00	400
DADB	Ruhr	Hamburg	4620,6	1631,09	1450
DADC	Else Wilhelms	Hamburg	307,4	108,51	570
DADD	Ellen	Hamburg-Finkenwerder	60,9	21,51	120
DADE	Emsgatt	Hamburg	1895,1	668,99	500
DADF	Enak	Hamburg	189,0	66,72	750
DADG	Ente	Hamburg	71,3	25,16	240
DADH	Ernst Edmund	Hamburg	296,2	104,56	400
DADI	Ernst Flohr	Cuxhaven	515,0	182,00	800
DADJ	Rhein	Hamburg	2694,9	1657,31	1450
DADL	Eschenburg	Lübeck	1695,0	598,34	650
DADM	Ernst Schweckendieck	Emden	229,4	80,99	150
DADN	Essen	Emden	356,4	125,79	500
DADO	Essen	Bremerhaven	428,0	151,00	725
DADP	Este	Bremerhaven	436,0	154,00	750
DADQ	Fairplay VII	Hamburg	153,3	53,99	950
DADR	Feuerland	Büsum	71,5	25,25	150
DADS	Finkenwärder	Hamburg	231,0	81,56	400
DADT	Flensburg	Hamburg	305,6	107,89	575
DADU	Franz Schau	Bremerhaven	403,7	142,49	600
DADV	Franz	Bremerhaven	260,0	92,00	430
DADW	Franziska	Schulau	54,0	19,06	180
DADX	Franz Westermann	Bremerhaven	500,4	176,64	850
DADY	Frauke	Leer	279,8	98,42	250
DADZ	Geeste	Bremerhaven	487,0	171,80	800
DAEA	Fritz Homann	Bremerhaven	423,0	149,00	700
DAEB	Gebrüder Kähler	Bremerhaven	607,0	214,00	800
DAEC	Gisela	Hamburg	351,5	124,09	575
DAED	Gisela Oldendorff	Lübeck	2333,3	823,66	800
DAEE	Glückauf	Bremen	1457,3	514,91	1300
DAEF	Glückauf	Cuxhaven	502,6	177,00	800
DAEG	Goliath	Hamburg	114,2	40,30	2×300
DAEH	Gotland	Cuxhaven	522,5	184,00	800
DAEI	Greif	Lübeck	954,5	336,90	470
DAEJ	Großer Kurfürst	Emden	265,6	93,75	500
DAEK	Grönorth	Kiel	65,4	23,10	120
DAEL	Gustav Borgner	Bremerhaven	409,2	144,44	600

DAEM — DAGN

Unterscheidungssignale	Namen der Schiffe	Heimathafen	Kubikmeter Nettoraumgehalt	Registertons Nettoraumgehalt	PS
DAEM	Halberstadt	Cuxhaven	231,9	113,65	550
DAEO	Hanna	Leer	250,1	88,28	130
DAEQ	Hannover	Bremen-Vegesack	247,0	87,23	150
DAER	Hansa	Cuxhaven	310,0	109,00	400
DAES	Hans Böckler	Bremerhaven	657,0	231,92	800
DAET	Hans Hinrich	Hamburg-Finkenwdr.	51,6	21,04	130
DAEU	Haparanda	Hamburg	1509,7	532,93	700
DAEV	H. C. Nibbe	Hamburg-Finkenwdr.	54,7	19,30	150
DAEW	Heidelberg	Lübeck	1080,5	381,40	470
DAEX	Heidelberg	Hamburg	265,5	93,71	420
DAEZ	Hansa VI	Bremen	150,2	53,00	2800
DAFA	Heinrich Baumgarten	Bremerhaven	476,0	168,00	800
DAFB	Heinrich Fröhlke	Bremerhaven	269,0	95,00	450
DAFD	Heinrich Niemitz	Bremerhaven	247,0	87,00	450
DAFE	Heinrich Schulte	Emden	291,3	102,56	500
DAFF	Helene Russ	Hamburg	1633,6	576,60	650
DAFG	Helga Schröder	Hamburg	1892,1	667,91	720
DAFH	Helgoland	Bremerhaven	252,2	89,01	450
DAFI	Helgoland	Kiel	263,3	92,74	600
DAFJ	Hanseat	Bremerhaven	407,6	143,89	600
DAFK	Henry Everling	Bremerhaven	660,5	233,14	850
DAFL	Hermann Bösch	Bremerhaven	546,5	192,92	850
DAFM	Hermann Siebert	Bremerhaven	259,3	91,53	450
DAFN	Hernösand	Hamburg	1612,3	569,14	600
DAFO	Heros	Hamburg	650,9*	229,77*	750
DAFP	Harvestehude	Hamburg	423,4	149,40	600
DAFQ	Hinrich Wesselhoeft	Bremerhaven	544,3	192,15	800
DAFR	H. M. Behrens	Hamburg	542,0	191,00	800
DAFS	Hoheweg	Bremerhaven	1765,4	623,00	650
DAFT	Hugo Homann	Bremerhaven	416,0	146,00	700
DAFU	Hörnum	Munkmarsch/Sylt	2363,0	834,00	800
DAFV	Ibis	Bremen	918,9	324,37	450
DAFW	Imsum	Bremen	483,4	171,00	800
DAFX	Inge-Marie	Hamburg	228,7	80,73	400
DAFY	Jan Hubert	Hamburg	414,5	146,32	600
DAFZ	Jane	Cuxhaven	292,3	103,17	400
DAGA	Jeverland	Bremerhaven	281,0	99,00	400
DAGB	Jochen Homann	Bremerhaven	538,0	190,00	1000
DAGC	Johs. Klatte	Bremerhaven	522,0	184,00	735
DAGE	Jümme	Bremerhaven	231,2	82,60	400
DAGF	Julius Fock	Hamburg	453,2	159,98	600
DAGG	Julius Rütgers	Hamburg	1256,3	443,49	460
DAGH	Jupiter	Hamburg	237,4	84,81	400
DAGI	Kap Kanin	Bremerhaven	323,0	114,00	645
DAGJ	Karl Bergh	Hamburg	333,8	117,82	50
DAGK	Posen	Cuxhaven	525,0	185,00	750
DAGL	Kehrwieder	Büsum	30,8	10,86	150
DAGM	Kolberg	Lübeck	1085,1	383,03	470
DAGN	Konsul Dubbers	Bremerhaven	443,0	156,00	900

* = Bruttoraumgehalt.

DAGO — DAIK

Unterscheidungssignale	Namen der Schiffe	Heimathafen	Kubikmeter (Nettoraumgehalt)	Registertons (Nettoraumgehalt)	PS
DAGO	Kriemhild	Lübeck	1380,2	487,21	640
DAGP	Kurland	Bremerhaven	237,8	83,93	400
DAGQ	Leo Fürbringer	Emden	259,7	91,68	245
DAGR	Latona	Bremen	1663,1	587,08	1100
DAGS	Lappland	Bremerhaven	231,1	81,99	400
DAGT	Lauting	Kiel	1832,4	646,84	450
DAGU	Leda	Bremen	982,0	346,95	300
DAGV	Lisa Essberger	Hamburg	2249,4	794,05	280
DAGW	Lofoten	Bremerhaven	436,3	154,02	850
DAGX	Lübbe Hartmann	Leer	409,4	144,53	500
DAGY	Ludwig	Bremerhaven	230,0	81,00	400
DAGZ	Ludwig Sanders	Bremerhaven	263,0	93,00	410
DAHA	Lübeck	Bremerhaven	284,0	100,00	700
DAHB	Lützow	Bremerhaven	581,7	205,34	800
DAHC	Main	Bremerhaven	456,7	161,21	750
DAHD	Mainz	Bremerhaven	331,0	117,00	750
DAHE	Marburg	Bremerhaven	283,5	100,00	540
DAHF	Marie	Cuxhaven	297,4	104,97	400
DAHG	Marianne	Hamburg	1201,8	424,24	400
DAHH	Marienburg	Bremerhaven	270,7	95,57	540
DAHI	Marlene	Hamburg	257,5	90,91	400
DAHJ	Martin Schilling	Bremerhaven	136,4	48,15	310
DAHK	Danzig	Cuxhaven	514,4	181,57	800
DAHL	Max Brauer	Hamburg	414,4	146,29	600
DAHM	Meersburg	Bremerhaven	295,3	104,00	540
DAHN	Midlum	Bremen	488,0	172,09	750
DAHO	Minerva	Bremen	3689,8	1302,42	3050
DAHP	Möwe	Bremerhaven	233,0	82,00	400
DAHQ	Möwe	Hamburg	190,0	67,07	750
DAHR	N. Ebeling	Bremerhaven	521,5	184,09	735
DAHS	Neptun	Bremerhaven	25,8	9,12	100
DAHT	Neptun	Hamburg	483,0	170,50	800
DAHU	Neufähr	Cuxhaven	280,0	98,00	400
DAHV	Neumühlen	Hamburg	280,8	99,12	400
DAHW	Niedersachsen	Bremerhaven	132,0	48,73	175
DAHX	Nienstedten	Hamburg	351,5	124,09	575
DAHY	Niobe	Bremen	1160,0	409,50	350
DAHZ	Nixe	Bremen	1025,9	362,14	350
DAIA	Norden	Hamburg	1268,9	447,91	450
DAIB	Norderney	Hamburg	1550,3	547,24	550
DAIC	Norderney	Hamburg	705,5	249,05	350
DAID	Nordlicht	Hamburg	729,4	257,48	800
DAIE	Nordmark	Lübeck	1773,8	626,14	900
DAIF	Nordmeer	Hamburg	482,0	170,19	750
DAIG	Nordenham	Cuxhaven	617,0	217,79	800
DAIH	Nordstern	Bremerhaven	458,0	162,00	800
DAII	Nürnberg	Lübeck	1034,1	365,04	470
DAIJ	Oberpräs. Delbrück	Hamburg	1755,6	620,00	500
DAIK	Oldenburg	Bremerhaven	473,0	167,00	750

DAIL — DAKL

Unterscheidungssignale	Namen der Schiffe	Heimathafen der Schiffe	Kubikmeter Nettoraumgehalt	Registertons Nettoraumgehalt	PS
DAIL	Orion	Emden	233,7	82,48	150
DAIM	Osdorf	Hamburg	304,2	107,38	575
DAIN	Oskar Schulze	Bremerhaven	410,1	144,86	600
DAIO	Ostmark	Bremerhaven	467,9	165,15	750
DAIP	Ostpreußen	Bremerhaven	454,0	160,00	750
DAIR	Otto Krogmann	Cuxhaven	292,1	103,10	550
DAIS	Taucher Otto Wulf III	Cuxhaven	145,4	51,31	475
DAIT	Peter Schlack	Hamburg	399,6	141,06	600
DAIU	Pinguin	Bremen	1292,6	456,27	900
DAIV	Pitea	Hamburg	1514,0	534,44	600
DAIW	Pan Trades Andros	Bremerhaven	191,3	70,43	700
DAIX	Präs. Mutzenbecher	Bremerhaven	311,8	110,05	725
DAIY	Preußen	Bremerhaven	231,0	82,00	400
DAJA	Prinz Heinrich	Emden	274,3	96,83	2×150
DAJB	Reemt	Hamburg	560,0	197,68	750
DAJC	Regensburg	Bremerhaven	296,0	100,00	540
DAJD	Reiher	Bremerhaven	233,0	82,00	400
DAJE	Remscheid	Cuxhaven	319,8	112,40	600
DAJG	Rheinland	Bremen-Vegesack	255,0	89,86	150
DAJH	Rissen	Hamburg	304,4	107,45	400
DAJI	Roland	Bremerhaven	231,0	82,00	400
DAJJ	Rosemarie	Bremerhaven	324,9	114,69	650
DAJK	Rotersand	Bremerhaven	548,0	193,00	750
DAJL	Saarland	Bremen-Vegesack	256,0	90,20	150
DAJM	Sagitta	Bremerhaven	349,0	123,00	700
DAJO	Schiewenhorst	Cuxhaven	199,4	105,69	400
DAJP	Schulau	Hamburg	280,9	99,17	400
DAJQ	Seeadler	Nordenham	58,1	20,51	190
DAJR	Seebär	Bremerhaven	323,0	113,96	2×1200
DAJS	Seefahrt	Bremerhaven	462,0	163,00	750
DAJT	Seefalke	Bremerhaven	278,0	98,00	400
DAJU	Seerose	Büsum	57,2	20,20	135
DAJV	Seeteufel	Bremerhaven	264,0	93,00	400
DAJW	Senator	Hamburg	1939,7	684,70	2×300
DAJX	Senator Heidmann	Cuxhaven	240,0	85,00	400
DAJY	Senator Sachse	Cuxhaven	259,5	91,62	400
DAJZ	Siegfried	Lübeck	932,3	329,09	420
DAKA	Skagerrak	Hamburg-Finkenwdr.	61,3	21,64	150
DAKB	Skolpenbank	Bremerhaven	437,0	154,00	850
DAKC	Söderhamn	Hamburg	2678,0	945,34	650
DAKD	Specht	Bremen	1004,8	354,68	650
DAKE	Spessart	Bremerhaven	277,8	98,00	400
DAKF	Spica	Bremerhaven	347,0	123,00	700
DAKG	Steckelhörn	Cuxhaven	294,0	104,00	400
DAKH	Steegen	Cuxhaven	275,0	97,00	400
DAKI	Steinbutt	Hamburg	650,0	229,00	800
DAKJ	Stettin	Lübeck	400,5	141,36	1200
DAKK	Stettin	Emden	297,1	104,86	250
DAKL	Stillesee	Hamburg	2162,0	763,18	700

DAKM — DAML

Unterscheidungssignale	Namen der Schiffe	Heimathafen der Schiffe	Kubikmeter Nettoraumgehalt	Registertons Nettoraumgehalt	PS
DAKM	Robert Bornhofen	Hamburg	2399,2	846,92	850
DAKO	Stuttgart	Bremerhaven	331,0	117,00	750
DAKQ	Sylt	Bremerhaven	237,1	83,68	400
DAKR	Tannenberg	Cuxhaven	454,0	160,00	800
DAKS	Theodor	Lübeck	1354,5	478,14	430
DAKT	Theseus	Bremen	1551,2	547,58	700
DAKU	Tide	Bremerhaven	320,0	112,96	650
DAKV	Thees Bott	Hamburg-Finkenwdr.	60,9	21,51	130
DAKW	Thor	Kiel	188,8	66,74	750
DAKX	Thüringen	Cuxhaven	456,2	161,00	750
DAKY	Thüringen	Bremen-Vegesack	258,0	91,08	150
DAKZ	Titan	Hamburg	111,8	39,48	850
DALA	Ursula	Hamburg	431,0	152,00	600
DALB	Venus	Bremen	918,0	324,11	300
DALC	Victoria	Lübeck	1194,3	421,60	500
DALD	Victoria	Bremen	1167,5	412,13	350
DALE	Vierlande	Hamburg	519,2	183,28	800
DALF	Vorwärts	Hamburg	1114,4	393,38	2×500
DALG	Venus	Bremerhaven	412,3	145,53	600
DALH	Wachtel	Bremen-Vegesack	222,0	78,22	130
DALI	Wega	Bremerhaven	361,6	127,65	800
DALJ	Werner II	Flensburg	2216,0	782,54	600
DALK	Weser	Bremerhaven	712,3	251,44	1000
DALL	Olbers	Bremen	1945,5	686,70	1080
DALM	Westerland	Bremerhaven	283,1	99,93	400
DALO	Westfalen	Bremen-Vegesack	210,0	74,24	150
DALP	Westpreußen	Bremerhaven	525,0	185,00	750
DALQ	Wiesbaden	Cuxhaven	354,9	125,28	575
DALR	Widder	Bremen	765,7*	270,31*	1070
DALS	Wilh. Michaelsen	Hamburg	445,5	157,26	750
DALT	Wilma	Hamburg-Finkenwdr.	58,7	20,71	180
DALU	Wiltrud	Hamburg-Finkenwdr.	60,9	21,51	130
DALV	Württemberg	Bremerhaven	449,2	158,58	750
DALX	York	Bremerhaven	483,0	171,00	800
DALY	Zeus	Bremen	3733,3	1319,20	3000
DALZ	Zwickau	Cuxhaven	287,5	101,48	400
DAMA	Agnes Engel	Hamburg-Finkenwerder	52,1	18,41	150
DAMB	Albert Pust	Bremerhaven	403,0	142,50	600
DAMC	Alk	Bremen	390,9*	138,14*	460
DAMD	Alte Liebe	Cuxhaven	405,2	143,03	600
DAME	Anton Hammerbacher	Hamburg	406,5	143,50	600
DAMF	A. Kappelhoff	Emden	262,0	92,42	150
DAMG	August Bröhan	Bremerhaven	272,6	96,24	450
DAMH	Auguste Kämpf	Bremerhaven	402,3	142,00	600
DAMI	Bremerhaven	Bremerhaven	405,0	142,90	600
DAMJ	Carsten Janssen	Bremerhaven	403,6	142,47	600
DAMK	Christa	Büsum	54,0	19,06	180
DAML	Corsar	Hamburg	19,8	6,99	2×500

* = Bruttoraumgehalt.

DAMM — DAOM

Unterscheidungs-signale	Namen der Schiffe	Heimathafen	Kubikmeter Nettoraumgehalt	Registertons Nettoraumgehalt	PS
DAMM	Cuxhaven	Cuxhaven	405,2	143,02	600
DAMN	Detmold	Cuxhaven	405,2	143,02	600
DAMO	Diana	Bremen	838,7	296,06	270
DAMP	Dradenau	Hamburg-Finkenwdr.	76,2	26,90	150
DAMQ	Düsseldorf	Cuxhaven	404,9	142,80	600
DAMR	Eckernförde	Kiel	401,9	141,90	600
DAMT	Emma	Hamburg-Finkenwdr.	44,0	12,69	120
DAMU	Ernst Gröschel	Bremerhaven	403,7	142,50	600
DAMV	Fairplay XIV	Hamburg	150,6	53,18	650
DAMW	Franz Jürgen	Kiel	3494,3	1233,48	1100
DAMX	Gertrud	Leer	249,1	87,92	200
DAMY	Gonzenheim	Bremen	4688,5	1655,00	800
DANA	Haga	Hamburg	1636,2	577,58	650
DANB	Hjeltefjord	Bremerhaven	531,0	187,00	1575
DANC	Hoffnung	Hamburg-Finkenwdr.	92,1	32,51	180
DAND	Island	Kiel	65,3	23,00	125
DANE	Jambo	Hamburg	389,7	137,57	1000
DANF	Josef Bodden	Kiel	401,9	141,89	600
DANG	Karl Fock	Hamburg-Finkenwdr.	60,9	21,51	130
DANH	Karlsburg	Bremerhaven	531,9	187,70	800
DANI	Kiel	Kiel	404,6	142,83	600
DANJ	King Bosco	Langeoog	12,2	4,31	60
DANK	Mannheim	Bremerhaven	405,1	142,99	750
DANL	Mollex IV	Hamburg	59,2	20,89	150
DANM	Mollex V	Hamburg	419,3	148,01	300
DANN	München	Bremerhaven	405,1	142,90	750
DANO	Nesshuk	Hamburg-Finkenwdr.	72,5	25,59	180
DANP	Niedersachsen	Cuxhaven	411,2	145,14	600
DANR	Otto Bröhan	Hamburg	424,3	149,78	600
DANS	Rechtenfleth	Bremen	268,0*	94,59*	840
DANT	Rosengarten	Hamburg-Finkenwdr.	62,9	22,20	120
DANU	Scharhörn	Bremen	4,6	1,61	32
DANV	Schleswig-Holstein	Strande	50,1	17,68	120
DANW	Schlutup	Kiel	401,9	141,89	600
DANX	Schwertfisch	Bremerhaven	552,3	194,95	800
DANY	Seeadler	Hamburg-Finkenwdr.	38,5	13,59	90
DANZ	Senior v. Sonnenkamp	Bremen	228,0	80,00	380
DAOA	Sophie	Leer	251,4	80,73	200
DAOB	Stade	Cuxhaven	405,2	143,04	600
DAOC	Stettiner Greif	Hamburg	3619,8	1277,80	1150
DAOE	Ursel	Elsfleth	62,7	22,15	120
DAOF	Dr. Eichelbaum	Emden	259,7	91,60	150
DAOG	Elbe	Emden	271,8	95,94	100
DAOH	Sparenburg	Emden	257,2	90,80	180
DAOI	Christel	Büsum	57,5	20,30	180
DAOJ	Josephine Ess	Bremerhaven	204,0	72,02	625
DAOK	Lark	Bremerhaven	237,6	123,00	575
DAOL	Pacific	Bremerhaven	177,8	62,77	625
DAOM	Ocean	Bremerhaven	320,0	112,96	650

DAON — DCBV

Unterscheidungssignale	Namen der Schiffe	Heimathafen der Schiffe	Kubikmeter Nettoraumgehalt	Registertons Nettoraumgehalt	PS
DAON	Sqall	Bremerhaven	304,6	107,94	750
DAOO	Storm	Bremerhaven	311,0	143,00	750
DAOP	Surf	Bremerhaven	307,7	108,61	750
DAOQ	Swell	Bremerhaven	302,1	106,64	750
DAOR	Tern	Bremerhaven	256,0	123,00	650
DAOS	Gulosenfjord	Bremen	261,0	92,22	1000
DAOT	Kurefjord	Bremen	152,9	53,97	650
DAOU	Franz Thiele	Emden	258,4	91,21	150
DAOV	Hermann Leymann	Bremerhaven	127,8	45,12	240
DAOW	Helmi Söhle	Bremerhaven	303,8	107,25	600
DAOX	Wilhelm Kaisen	Bremerhaven	661,4	233,48	800
DAOY	Martin Mewes	Hamburg	672,8	237,50	750
DAOZ	Bardenfleth	Bremen	53,9	19,02	518
DAPA	Eberhart Essberger	Hamburg	947,6	334,50	325
DAPB	Sylt	Hamburg	953,8	336,71	450
DAPC	Cimbria	Hamburg	3031,8	1070,23	1250
DAPD	Fidamus	Bremen	989,9	349,94	800
DAPE	Regina	Bremen			600
DAPF	Stella	Bremerhaven	279,2	98,54	2×180
DAPG	Spitzbergen	Hamburg-Finkenwerder	85,4	30,15	230
DAPH	Lacklan	Hamburg	14675,4	5185,66	3300
DAPI	Frigga	Hamburg	9571,4	3378,70	2000
DAPJ	Hermod	Hamburg	9176,0	3239,12	1500
DAPK	Hermann Fritzen	Emden	6761,8	2386,91	1800
DAPL	Silbermöve	Schulau	65,4	23,09	
DAPM	Regulus	Hamburg-Finkenwdr.	60,3	21,23	150
DAPN	Carl Wilkens	Hamburg	418,3	147,67	600
DCAP	Scharhörn	Düsseldorf	47,9	16,91	110
DCAQ	Hermann Gunther	Duisburg	139,3*	49,16*	200
DCAR	Rhein	Duisburg-Ruhrort	417,0	147,21	
DCBE	Adele	Haren/Ems	135,3	47,76	50
DCBF	Adelgunde	Haren/Ems	284,9	100,57	110
DCBG	Adelheid	Haren/Ems	285,6	100,80	75
DCBH	Adelheid	Westrhauderfehn	138,7	48,98	70
DCBI	Adler	Greetsiel	13,9	4,91	70
DCBJ	Adolf	Haren/Ems	260,6	92,01	75
DCBK	Albatross	Friedrichsschleuse	19,5	6,88	125
DCBL	Albatros	Bensersiel	13,1	4,63	56
DCBM	Alex	Haren/Ems	281,6	99,40	120
DCBN	Alida	Greetsiel	2,7	0,95	10
DCVO	Aline	Dornumersiel	4,0	1,42	20
DCBP	Altair	Westrhauderfehn	260,7	92,04	100
DCBQ	Altair	Emden	226,1	79,81	250
DCBR	Amalie	Leer	271,3	95,77	130
DCBS	Hoffnung	Oldersum	8,9	3,14	35/40
DCBT	Angela	Haren/Ems	247,9	87,50	70
DCBU	Angela	Haren/Ems	204,1	71,88	75
DCBV	Angela-Elise	Haren/Ems	305,4	108,00	70

* = Bruttoraumgehalt.

DCBW — DCDT

Unter-scheidungs-signale	Namen	Heimathafen	Kubik-meter	Register-tons	PS
	der Schiffe		Nettoraumgehalt		
DCBW	Angelina	Haren/Ems	236,3	83,43	150
DCBX	Anlene	Haren/Ems	185,7	65,55	75
DCBY	Anna	Haren/Ems	313,5	110,67	110
DCBZ	Anna	Westrhauderfehn	210,7	74,36	100
DCCA	Anna	Leer	136,4	48,15	50
DCCB	Anna	Haren/Ems	273,0	96,36	90
DCCC	Anna	Warsingsfehn	17,2	6,09	120
DCCD	Anna	Norddeich	4,9	1,73	36
DCCE	Anna	Neuharlingersiel	8,6	3,05	50
DCCF	Anna	Leer	265,0	93,48	130
DCCG	Anna Grete	Norddeich	9,9	3,49	50
DCCH	Anna Margareta	Borkum	13,6	4,80	70
DCCI	Anna-Maria	Haren/Ems	220,7	7,92	100
DCCJ	Anna-Maria	Ditzum	165,6	58,47	80
DCCK	Anna Wilhelmine	Westrhauderfehn	111,1	39,23	75
DCCL	Anne	Norderney	9,5	3,35	35
DCCM	Annele	Bensersiel	117,3	41,41	50
DCCN	Antine	Borkum	73,9	26,09	70
DCCO	Antje	Rorichmoor	77,7	27,43	36
DCCP	Anton	Haren/Ems	258,4	91,22	120
DCCQ	Ariadne	Borkum	134,9	47,54	75
DCCR	Arion	Norddeich	3,7	1,30	25
DCCS	Arktur	Westrhauderfehn	132,7	46,85	70
DCCT	Armin	Haren/Ems	278,6	89,34	275
DCCU	Arnold	Haren/Ems	253,9	98,62	95
DCCV	Aurora	Borkum	146,9	51,86	60
DCCW	Baldur	Norderney	38,6	13,63	2×75
DCCX	Baltrum I	Baltrum	135,5	47,84	160
DCCY	Baltrum II	Baltrum	56,4	21,20	100
DCCZ	Baltrum	Emden	161,5*	57,01*	240
DCDA	Barbara	Ditzum	27,5	9,69	120
DCDB	Berlin	Emden	227,0	80,15	140
DCDC	Bernhard	Haren/Ems	254,0	89,67	150
DCDD	Bernhardus	Haren/Ems	288,7	101,90	100
DCDE	Berta	Norddeich	7,3	2,58	20
DCDF	Bettje	Norddeich	10,9	3,85	50
DCDG	Brandaris	Langeoog	249,2	87,96	135
DCDH	Burkana	Emden	83,4	29,43	50
DCDI	Capella	Neuharlingersiel	8,8	3,11	50
DCDJ	Capella	Westrhauderfehn	64,5	22,77	90
DCDK	Capella	Greetsiel	216,4	76,41	75
DCDL	Carl Fisser	Emden	259,3	91,53	150
DCDM	Carl Thiele	Emden	258,6	91,29	150
DCDN	Caroline	Flensburg	208,0	77,02	130
DCDO	C. H. Metger	Emden	259,7	91,68	150
DCDQ	Christina	Haren/Ems	248,2	87,63	150
DCDR	Christine	Norddeich	12,0	4,55	50
DCDS	Concordia	Norddeich	30,8	10,86	70
DCDT	Condor	Greetsiel	12,6	4,46	70

* = Bruttoraumgehalt.

DCDU — DCFQ

Unterscheidungssignale	Namen der Schiffe	Heimathafen	Kubikmeter (Nettoraumgehalt)	Registertons (Nettoraumgehalt)	PS
DCDU	Kondor	Norddeich	15,1	5,31	50
DCDV	Cornelia	Warsingsfehn	263,9	93,17	96
DCDW	Cornelia	Leer	261,1	92,18	130
DCDX	Cornelie Wessels	Emden	375,3*	132,46*	380
DCDY	Cum Deo	Haren/Ems	282,7	99,80	150
DCDZ	Dede	Leer	131,0	46,23	110
DCEA	Delphin	Greetsiel	5,8	2,05	50
DCEB	Delphin	Neuharlingersiel	8,2	2,90	50
DCEC	Delphin	Norddeich	31,9	11,26	240
DCED	Dia Aubel	Emden	279,4*	98,63*	300
DCEE	Diana	Terborg/Ems	7,5	2,65	50
DCEF	Diedrich Siemering	Warsingsfehn	117,7	41,56	50
DCEG	Dina	Warsingsfehn	188,9	66,90	75
DCEH	Dirk Siemering	Emden	3,7	1,31	250
DCEI	Dollart	Greetsiel	149,2	52,66	75
DCEJ	Dorothea	Emden	203,5	77,85	60
DCEK	Dorothea Siemering	Warsingsfehn	521,7	184,16	190
DCEL	Dortmund	Emden	260,2	91,85	150
DCEM	Dr. Eichelbaum	Neuharlingersiel	32,1	11,34	120
DCEN	Drei Gebrüder	Greetsiel	3,7	1,31	25
DCEO	Ebenezer	Neuharlingersiel	31,4	11,08	80
DCEP	Edelweiß	Greetsiel	9,3	3,29	50
DCEQ	Edelweiß	Norddeich	12,8	4,51	50
DCER	Einigkeit	Westrhauderfehn	141,4	49,91	110
DCES	Eintracht	Greetsiel	5,3	1,87	15
DCET	Elfriede	Leer	268,7	94,84	130
DCEU	Elisabeth	Haren/Ems	243,7	86,03	110
DCEV	Elisabeth	Rhaudermoor	123,6	43,65	120
DCEW	Elisabeth	Greetsiel	164,2	57,95	80
DCEX	Elise	Norddeich	10,9	3,84	75
DCEY	Elise	Haren/Ems	308,9	109,05	70
DCEZ	Ella	Leer	237,2	83,73	100
DCFA	Möve	Norddeich	8,4	2,97	36
DCFB	Elli	Ostrhauderfehn	208,8	73,70	75/90
DCFC	Else	Rhaudermoor	136,3	48,12	70
DCFD	Else	Emden	244,1	86,17	125
DCFE	Elternsegen	Haren/Ems	234,8	82,89	165
DCFF	Emden	Emden	184,5	65,11	60
DCFG	Ems	Haren/Ems	279,3	98,59	145
DCFH	Ems	Borkum	82,9	29,28	36
DCFI	Ems	Rhaudermoor	101,6	35,86	50
DCFJ	Ems	Greetsiel	14,3	5,06	75
DCFK	Emsland	Haren/Ems	277,3	97,69	90
DCFL	Emsstrom	Haren/Ems	237,5	83,82	100
DCFM	Engelbert	Haren/Ems	282,9	99,88	90
DCFN	Eos	Haren/Ems	263,6	93,04	125
DCFO	Erika	Leer	268,7	94,84	130
DCFP	Erna	Warsingsfehn	269,0	94,94	112
DCFQ	Erna	Nesmersiel	2,9	1,02	25

* = Bruttoraumgehalt.

DCFR — DCHQ

Unterscheidungssignale	Namen der Schiffe	Heimathafen der Schiffe	Kubikmeter Nettoraumgehalt	Registertons Nettoraumgehalt	PS
DCFR	Exelsior	Holte	134,6	47,50	55
DCFS	Falke	Neuharlingersiel	6,6	2,32	50
DCFT	Falke	Greetsiel	12,9	4,55	70
DCFU	Fides	Bensersiel	2,9	1,02	25
DCFV	Flott	Greetsiel	237,4	83,80	100
DCFW	Foline	Warsingsfehn	54,8	19,33	25
DCFX	Folt Wilhelm	Borkum	116,0	40,29	120
DCFY	Fortuna	Warsingsfehn	208,9	73,74	85
DCFZ	Fortuna	Rhaudermoor	251,5	88,77	130
DCGA	Fortuna	Emden	193,3	68,23	80
DCGB	Fortuna	Greetsiel	46,3	16,35	50
DCGC	Fortuna I	Spiekeroog	64,9	22,92	50
DCGD	Franziska	Haren/Ems	218,5	77,15	90
DCGE	Frauke	Greetsiel	1,7	0,60	6
DCGF	Frauke	Warsingsfehn	137,9	48,68	50
DCGG	Freya	Dornumersiel	3,9	1,37	25
DCGH	Freya	Oldersum	13,7	4,84	50
DCGI	Frieda	Greetsiel	4,3	1,52	6
DCGJ	Friedrich Brons	Emden	259,2	91,49	150
DCGK	Frisia I	Norderney	589,3	208,01	600
DCGL	Frisia II	Norderney	61,3	21,62	75
DCGM	Frisia III	Norderney	253,1	89,33	450
DCGN	Frisia V	Norderney	100,6	35,52	70
DCGO	Frisia VI	Norderney	123,2	43,48	150
DCGP	Frisia VII	Norderney	142,7	50,37	75
DCGQ	Frisia IX	Norderney	388,7	137,20	250
DCGR	Frisia X	Norderney	385,3	136,00	350
DCGT	Frisia XIV	Norderney	134,1	47,63	90
DCGU	Frisia XV	Norderney	266,1	93,94	2×130
DCGV	Fünf Gebrüder	Ditzum	19,6	6,93	95
DCGW	Gebrüder	Neuharlingersiel	13,0	4,58	20
DCGX	Gebrüder	Carolinensiel	4,4	1,56	40
DCGY	Geen Tied	Greetsiel	16,8	5,94	75
DCGZ	Geeske	Varelerhafen	75,7	26,73	50
DCHA	Georg	Haren/Ems	279,2	98,55	70
DCHB	Gerda	Westrhauderfehn	139,4	49,21	93
DCHC	Gerhard	Haren/Ems	224,8	79,34	110
DCHD	Gerhardine	Borkum	82,1	28,98	75
DCHE	Germania	Rhaudermoor	132,6	46,81	70
DCHF	Gertrud	Haren/Ems	272,7	96,30	180
DCHG	Geschwisterliebe	Haren/Ems	254,0	89,66	165
DCHH	Gesina	Haren/Ems	303,3	107,06	90
DCHI	Gesine	Ostgroßefehn	74,0	26,12	36
DCHL	Gesine	Leer	261,1	92,18	130
DCHM	Gesine	Oldersum	6,5	2,31	36
DCHN	G. F. Zimmermann	Emden	247,8	87,46	150
DCHO	Glückauf	Haren/Ems	365,5	128,84	100
DCHP	Gondel	Westeraccumersiel	5,2	1,82	25
DCHQ	Goode Wind	Norderney	4,9	1,72	10

DCHR — DCJS					
Unter-scheidungs-signale	Namen der Schiffe	Heimathafen der Schiffe	Kubik-meter Nettoraumgehalt	Register-tons Nettoraumgehalt	PS
DCHR	Gorch Fock	Neuharlingersiel	7,0	2,47	45/50
DCHS	Gott mit uns	Haren/Ems	161,8	55,22	100
DCHT	Greta	Haren/Ems	297,9	105,15	100
DCHU	Groß Friedrichsburg	Borkum	210,8	74,43	60
DCHV	Hanne	Spetzerfehn	97,8	34,51	75
DCHW	Hanne-Lise	Neuharlingersiel	7,2	2,54	50
DCHX	Hans	Haren/Ems	295,3	104,23	110
DCHY	Hansgrete	Ostrhauderfehn	106,4	37,58	70
DCIA	Harold	Varelerhafen	8,7	3,07	38
DCIB	Hayo	Leer	294,8	104,05	150
DCIC	Heimat	Haren/Ems	232,1	81,92	50
DCID	Heimkehr	Emden	133,8	47,24	70
DCIE	Heinrich Brons	Emden	263,5	93,00	150
DCIF	Heinrich Elfring	Haren/Ems	198,9	70,22	90/110
DCIG	Heinrich Kappelhoff	Emden	247,5	87,36	150
DCIH	Heinz	Haren/Ems	295,3	104,24	70
DCII	Heinz Otto	Haren/Ems	265,6	93,75	150
DCIJ	Helene II	Haren/Ems	174,9	61,74	75
DCIL	Helgoland	Emden	123,1	43,47	500
DCIM	Henny	Warsingsfehn	95,4	3,69	25
DCIO	Herm	Haren/Ems	279,1	98,52	200
DCIP	Hermangela	Haren/Ems	336,8	118,90	105
DCIQ	Hermine	Haren/Ems	315,5	111,58	105
DCIR	Hermine	Leer	263,6	93,05	100
DCIS	Herta	Ostrhauderfehn	129,7	45,78	75
DCIT	Hertha Johanne	Rhaudermoor	315,1	111,22	150
DCIU	Hildburg	Leer	188,2	66,44	100
DCIV	Hilde	Leer	236,4	83,46	200
DCIW	Hilde	Norddeich	12,2	4,31	50
DCIX	Hildegard	Westeraccumersiel	13,1	4,63	50
DCIY	Hilde-Gertrud	Borkum	5,1	1,80	36
DCIZ	Hinderk Looden	Greetsiel	15,3	5,39	50
DCJA	Hinerika	Norddeich	8,9	3,13	44
DCJB	Hoffnung	Rhaudermoor	260,9	92,10	90
DCJC	Hoffnung	Warsingsfehn	67,6	23,87	30
DCJE	Hoffnung	Carolinensiel	6,7	2,35	36
DCJF	Hohenzollern	Norddeich	7,8	2,77	25
DCJG	Iduna	Haren/Ems	336,2	118,68	120
DCJI	Iltis	Emden	181,4	64,02	75
DCJJ	Immanuel	Holterfehn	153,7	54,26	70
DCJK	Insulaner	Norderney	102,2	36,07	36
DCJL	Jacoba	Greetsiel	3,5	1,24	10
DCJM	Janna	Greetsiel	3,7	1,31	25
DCJN	Jantje	Borkum	67,4	23,78	35
DCJO	Johann Georg	Emden	184,0	64,95	60
DCJP	Johann Hermann	Haren/Ems	228,3	80,61	150
DCJQ	Johann Wessels	Emden	149,2	52,60	650
DCJR	Johann Wessels	Emden	262,0	95,00	150
DCJS	Johanna	Borkum	65,5	23,12	50

Unterscheidungssignale	Namen	Heimathafen	Kubikmeter	Registertons	PS
	der Schiffe		Nettoraumgehalt		
DCJT	Johanna	Warsingsfehn	132,4	46,73	50
DCJU	Johanna	Greetsiel	1,7	0,59	6
DCJV	Johanne	Haren/Ems	254,3	89,92	95
DCJW	Johanne	Carolinensiel	6,7	2,38	30
DCJX	Johanne	Friedrichsschleuse	9,1	3,23	75
DCJY	Johanne	Neuharlingersiel	10,3	3,64	25
DCJZ	Johannes	Haren/Ems	232,0	81,91	90
DCKA	Johannes	Norddeich	21,5	7,59	100
DCKB	Jop	Haren/Ems	279,1	98,52	150
DCKC	Jürgen Fritzen	Hamburg	925,0	326,73	330
DCKD	Juliane	Greetsiel	3,2	1,12	6
DCKE	Juliane	Greetsiel	10,5	3,71	50/55
DCKF	Jupiter	Warsingsfehn	226,3	79,89	150
DCKG	Jupiter	Petkum	107,3	37,88	70
DCKH	Kaiser Wilhelm	Emden	192,2	67,84	2×140
DCKJ	Karl	Neuharlingersiel	8,6	3,04	44
DCKK	Katharina	Haren/Ems	310,6	109,63	75
DCKL	Katharina Elisabeth	Juist	127,9	45,16	75
DCKM	Kehrheim	Greetsiel	10,8	3,81	100
DCKN	Kehrewieder	Ihlowerfehn	104,5	36,90	34
DCKO	Kehrwieder	Ostrhauderfehn	142,1	50,18	75/90
DCKP	Kehrewieder	Greetsiel	4,5	1,58	30/35
DCKQ	Kehrewieder I	Norden	13,0	4,59	65
DCKR	Kehrewieder II	Westeraccumersiel	4,0	1,41	25
DCKS	Kiel	Westeraccumersiel	13,0	4,59	30/36
DCKT	Klara Katharina	Greetsiel	266,3	94,01	120
DCKU	Königsberg	Emden	189,9	67,03	120
DCKV	Konkordia	Haren/Ems	301,2	106,34	90/100
DCKW	Kornhaus IV	Emden	514,0	181,44	200
DCKX	Langeoog	Emden	333,2*	117,63*	400
DCKY	Langeoog I	Langeoog	81,3	28,69	125
DCKZ	Langeoog II	Langeoog	551,0	194,4	90
DCLA	Langeoog IV	Langeoog	192,0	67,77	260
DCLB	Caroline	Langeoog	151,3	53,41	50
DCLC	Laurenz	Haren/Ems	245,1	86,53	100
DCLD	Lauria	Haren/Ems	97,7	34,48	75
DCLE	Leda	Leer	239,6	84,57	100
DCLF	Leda	Borkum	7,9	2,78	35
DCLG	Leer	Emden	187,4	66,15	60
DCLH	Lena	Haren/Ems	230,1	81,22	100
DCLI	Lena	Haren/Ems	296,6	104,70	75
DCLJ	Lena Katharina	Haren/Ems	290,4	102,50	110
DCLK	Lene	Leer	207,4	73,22	75
DCLL	Liberté	Greetsiel	66,6	23,52	28
DCLM	Liesbeth	Haren/Ems	298,8	105,47	70/75
DCLN	Liesbeth-Grete	Haren/Ems	206,3	108,12	70
DCLO	Lilie	Norden	321,5	113,51	50
DCLP	Lina	Westrhauderfehn	40,8	14,39	20
DCLQ	Liny	Greetsiel	66,7	23,55	42

* = Bruttoraumgehalt.

DCLR — DCNS

Unterscheidungssignale	Namen der Schiffe	Heimathafen der Schiffe	Kubikmeter Nettoraumgehalt	Registertons Nettoraumgehalt	PS
DCLR	Lübbert	Haren/Ems	298,2	105,28	150
DCLS	Luise	Westrhauderfehn	7,7	2,73	30/36
DCLT	L. Ruyl	Emden	247,8	87,46	150
DCLU	Margaretha	Haren/Ems	310,5	109,59	125/165
DCLV	Margreth	Haren/Ems	237,1	83,70	155
DCLW	Maria	Haren/Ems	291,6	102,94	120
DCLX	Maria	Haren/Ems	255,7	90,25	90
DCLY	Maria Christina	Haren/Ems	288,5	101,83	70
DCLZ	Maria Elfring	Haren/Ems	198,4	70,22	90/110
DCMA	Maria Elise	Haren/Ems	282,4	99,68	110
DCMB	Maria Gebina	Haren/Ems	214,7	75,80	75
DCMC	Maria Helena	Haren/Ems	196,2	69,25	70
DCMD	Maria Lina	Haren/Ems	248,5	87,71	165
DCME	Marie	Leer	258,0	91,06	130
DCMF	Borkum	Emden	258,7*	91,33*	375
DCMG	Marie Hermine Elise	Ditzum	146,5	51,73	50
DCMH	Mar.BR. Schlichting	Norddeich	30,8	10,86	95
DCMI	Martha	Leer	246,8	93,48	130
DCMK	Mecheline	Ditzum	8,9	3,14	65
DCML	Mein Glück	Greetsiel	16,6	5,85	75
DCMM	Memel	Emden	227,0	80,15	140
DCMN	Meta	Greetsiel	7,7	2,74	50
DCMO	Meta	Neuharlingersiel	11,3	3,98	50
DCMP	Meta Steffens	Neuharlingersiel	7,6	2,67	35
DCMQ	Meteor	Aurich	76,7	27,06	50
DCMS	Minchen	Haren/Ems	241,5	85,26	120
DCMT	Min.-Dir. Streil	Emden	260,0	92,00	150
DCMU	Möwe	Bensersiel	13,3	4,69	75
DCMV	Möve	Borkum	1,7	0,60	15
DCMX	Möwe	Wilhelmshaven	4,3	1,52	20
DCMY	Möwe	Haren/Ems	276,3	97,53	120
DCMZ	Möwe	Ostrhauderfehn	101,6	35,87	50
DCNA	Morgenstern	Neuharlingersiel	7,2	2,54	50
DCNB	Münster	Emden	264,1	93,24	100
DCNC	Mutterliebe	Haren/Ems	246,4	86,98	144
DCND	Muttersegen	Haren/Ems	238,7	84,25	150
DCNE	Nelson	Norddeich	4,5	1,59	30
DCNF	Neptun	Emden	16,6	5,82	400
DCNG	Norden	Norden	55,9	19,72	50
DCNH	Nordenham I	Nordenham	217,9*	76,92*	270
DCNI	Norderney	Emden	154,7*	54,61*	180
DCNJ	Nordlicht	Norddeich	11,2	3,96	125
DCNK	Nordsee	Carolinensiel	7,8	2,75	25
DCNL	Nordsee	Greetsiel	12,5	4,41	65
DCNN	Nordstern	Warsingsfehn	56,6	19,98	15
DCNO	Nordstern	Norddeich	5,5	1,93	25
DCNQ	Nordstern	Greetsiel	4,1	1,62	15
DCNR	Odin	Norddeich	12,4	4,39	50
DCNS	Odin	Flensburg	11,4	4,02	2×70

* = Bruttoraumgehalt.

DCNT — DCPR

Unterscheidungssignale	Namen der Schiffe	Heimathafen der Schiffe	Kubikmeter Nettoraumgehalt	Registertons Nettoraumgehalt	PS
DCNT	Odin	Haren/Ems	246,8	86,92	100
DCNU	Orion	Westrhauderfehn	182,1	64,15	105
DCNV	Osterems	Borkum	25,6	8,84	75
DCNW	Ostfriesland	Juist	59,4	20,96	50
DCNX	Ostfriesland	Oldersum	9,5	3,36	22
DCNZ	Ottina	Haren/Ems	255,4	90,17	200
DCOA	Paula	Haren/Ems	292,6	103,04	120
DCOB	Pauline	Norderney	4,2	1,50	25
DCOC	Perle	Carolinensiel	72,4	25,56	25
DCOD	Pieter	Carolinensiel	3,8	1,35	25
DCOE	Pirola	Neuharlingersiel	9,7	3,41	75
DCOF	Preciosa	Westeraccumersiel	8,4	2,95	25
DCOG	Preußen	Emden	230,8	81,47	290
DCOH	Prinz Homburg	Emden	265,0	93,53	250
DCOI	Pusch	Bensersiel	8,3	2,92	75
DCOJ	Quo Vadis	Haren/Ems	321,1	113,34	120
DCOK	Regina	Emden	17,1	6,04	200
DCOL	Regina	Haren/Ems	338,5	119,49	75
DCOM	Regina	Haren/Ems	168,3	59,39	100
DCON	Regine	Greetsiel	2,0	0,70	12
DCCO	Reimar	Haren/Ems	293,3	103,31	120
DCOP	Reinhard	Haren/Ems	266,8	94,17	75
DCOQ	Reinhold	Haren/Ems	294,5	103,97	75
DCOR	Resi	Norderney	180,7	63,77	100
DCOS	Res Nova	Haren/Ems	267,1	87,23	100
DCOT	Rheinland	Emden	754,2	266,22	400
DCOU	Ria	Haren/Ems	242,3	85,55	150
DCOV	Rina	Carolinensiel	8,5	3,00	50
DCOW	Rudolf	Haren/Ems	259,2	91,49	110
DCOX	Ruth Wiechert	Bensersiel	10,5	3,72	80
DCOY	Salva Nos	Haren/Ems	242,6	85,65	130
DCOZ	Schwalbe	Leer	187,8	66,18	150
DCPA	Schwalbe	Leer	249,9	88,21	110
DCPB	Schwalbe	Neuharlingersiel	8,1	2,87	65
DCPD	Schwalbe	Neuharlingersiel	3,7	1,32	25
DCPE	Sechs Gebrüder	Norddeich	15,4	5,43	36
DCPF	Seeadler	Emden	89,0	31,31	40
DCPG	Wangerooge	Emden	110,6	39,04	500
DCPH	Seeadler	Norderney	16,1	5,68	45
DCPI	Seeadler	Norddeich	4,5	1,59	25
DCPJ	Seeadler	Norderney	10,4	3,67	20
DCPK	Seehund	Norden	150,5	53,12	100
DCPL	Seelust	Westeraccumersiel	3,1	1,09	12
DCPM	Seelust	Spiekeroog	59,9	21,13	36
DCPN	Seemöwe	Norddeich	3,0	1,05	6
DCPO	Seestern	Neuharlingersiel	9,8	3,46	40
DCPP	Seestern	Ostrhauderfehn	127,8	45,11	70
DCPQ	Sina	Haren/Ems	247,4	87,34	135
DCPR	Sirius	Papenburg	95,1	33,50	50

DCPS — DCRQ

Unterscheidungssignale	Namen der Schiffe	Heimathafen der Schiffe	Nettoraumgehalt Kubikmeter	Nettoraumgehalt Registertons	PS
DCPS	Sirius	Norddeich	10,4	3,68	100
DCPT	Speculant	Ditzum	11,7	4,13	30
DCPU	Spes Mea	Haren/Ems	339,2	119,76	70
DCPV	Spica	Ostrhauderfehn	160,8	56,77	50
DCPW	Spiekeroog	Spiekeroog	70,7	24,97	110
DCPX	St. Joseph	Haren/Ems	234,2	82,68	150
DCPY	St. Nikolaus	Haren/Ems	290,9	102,69	50
DCPZ	Steffi	Haren/Ems	269,7	95,22	90
DCQA	Stephan	Haren/Ems	256,7	90,60	125
DCQB	Störtebecker	Borkum	21,9	7,73	32
DCQC	Sturmvogel	Greetsiel	11,7	4,11	40
DCQD	Susanna-Maria	Haren/Ems	216,4	76,38	70
DCQE	Taucher Picksack	Oldersum	10,1	3,56	75
DCQF	Tempo	Haren-Ems	201,6	71,17	90/110
DCQH	Thea	Haren/Ems	279,5	98,65	95
DCQI	Theda	Oldersum	9,8	3,45	50
DCQJ	Thekla Helene	Haren/Ems	217,4	76,73	75
DCQK	Theo-Grete	Haren/Ems	218,3	98,94	110
DCQL	Tim	Haren/Ems	268,6	94,82	175
DCQM	Tini	Emden	139,1	49,11	75
DCQN	Tjeda	Emden	41,2	14,56	30
DCQP	Trientje	Iheringsfehn	83,7	29,53	35
DCQQ	Tümmler	Juist	9,1	3,22	66
DCQR	Undine	Ostrhauderfehn	135,2	47,74	50
DCQS	Ursula	Emden	218,2	77,01	100
DCQT	Uwe	Leer	3,4	1,20	36
DCQU	Venus	Norderney	103,2	36,42	50
DCQV	Venus	Warsingsfehn	117,0	41,30	50
DCQW	Venus	Emden	189,9	67,03	120
DCQX	Venus	Norddeich	9,6	3,39	54
DCQY	Vertrauen	Warsingsfehn	158,7	56,03	50
DCQZ	Vesta	Emden	227,0	80,15	100
DCRA	Vier Gebrüder	Warsingsfehn	60,1	21,22	25
DCRB	Vier Gebrüder	Carolinensiel	47,3	16,71	24
DCRC	Victoria	Emden	218,2	77,01	120/180
DCRD	Vooruit	Norddeich	13,1	4,62	25
DCRE	Vorwärts	Westeraccumersiel	4,9	1,73	25
DCRF	Vorwärts	Langeoog	3,3	1,15	20
DCRG	Vorwärts	Neuharlingersiel	31,2	11,01	90
DCRH	Vorwärts	Greetsiel	11,8	4,16	70
DCRI	Vorwärts	Rhaudermoor	134,4	47,44	70
DCRJ	Wangeroog	Carolinensiel	23,1	8,15	50
DCRK	Wega	Ostrhauderfehn	128,2	45,46	70
DCRL	Wega	Norddeich	12,9	4,55	50
DCRM	Welle	Carolinensiel	7,8	2,75	36
DCRN	Westerems	Borkum	25,0	8,84	75
DCRO	Wienhard	Ditzum	8,9	3,14	75
DCRP	Wiking	Greetsiel	13,0	4,58	75
DCRQ	Wilhelm	Haren/Ems	272,6	96,24	120

DCRR — DCUA

Unterscheidungssignale	Namen der Schiffe	Heimathafen der Schiffe	Kubikmeter (Nettoraumgehalt)	Registertons (Nettoraumgehalt)	PS
DCRR	Wilhelmina	Leer	165,4	58,38	50
DCRS	Wilhelmine	Warsingsfehn	141,3	49,90	80/100
DCRT	Wilhelmine	Westrhauderfehn	49,1	17,34	36
DCRU	Willig	Fedderwardersiel	6,8	2,38	20
DCRV	Willi	Norderney	3,6	1,27	20
DCRW	Wilma	Haren/Ems	304,4	107,45	180
DCRX	Zukunft	Wilhelmshaven	30,9	8,20	24
DCRY	Zukunft	Greetsiel	10,3	3,63	70
DCRZ	Zwei Gebrüder	Haren/Ems	325,9	115,03	120
DCRA	Zwei Gebrüder	Warsingsfehn	166,8	58,88	70
DCSB	Zwei Gebrüder	Ditzum	10,6	3,75	40/50
DCSC	Zwei Gebrüder	Leer	91,3	32,24	50
DCSD	Baltic	Haren/Ems	423,4	149,47	120
DCSH	Konsul Schulte	Emden	7912,4	2793,09	1900
DCSJ	Petschili	Emden	384,2	135,62	396
DCSK	Pionier	Langeoog	576,0	203,34	
DCSL	Langeoog VI	Langeoog	50,4	17,81	25
DCST	Elise	Ditzum	8,9	3,14	
DCSV	Elise Schulte	Emden	3693,2	1303,69	1500
DCSW	Hermann	Haren/Ems	273,9	96,68	50
DCSX	Hebefahrzeug IV	Emden	120,6	45,05	
DCSY	Ostfriesland	Greetsiel	10,3	3,63	70/75
DCSZ	Möwe	Norddeich	9,6	3,38	17
DCTA	Nordland	Norddeich	12,3	4,36	125
DCTB	Elisabeth	Leer	124,5	43,95	56
DCTC	Helgoland	Westrhauderfehn	166,5*	84,77*	220
DCTD	Lübeck	Emden	209,8	74,07	
DCTE	Edelweiß	Neuharlingersiel	10,4	3,66	72
DCTF	Frisia	Leer	99,6*	35,16*	180
DCTG	Carl	Norderney	8,1	2,88	16
DCTI	Heimkehr	Cuxhaven	91,6	32,33	40
DCTJ	Robbe	Norden	172,9	61,03	
DCTK	Nordstern	Jemgum	7,5	2,65	25
DCTL	Heimat	Norderney	20,5	7,22	50
DCTM	Saturn	Emden	203,4	71,78	120
DCTN	Glaube	Neuharlingersiel	6,4	2,25	130
DCTO	E. S. I. 1	Neuharlingersiel	123,5	43,61	—
DCTP	E. S. I. 2	Neuharlingersiel	124,1	43,80	—
DCTQ	E. S. I. 3	Neuharlingersiel	144,7	51,07	—
DCTR	Hermann	Emden	143,9*	50,78*	168
DCTS	Martha Hendrik Fisser	Emden	8402,9	2966,22	2500
DCTT	Karin	Greetsiel	63,0	22,24	120
DCTU	Hendrik Fisser	Emden	3997,7	1411,20	1250
DCTV	Anna	Leer	4,4	1,57	65
DCTW	Pionier II	Emden	219,1	77,34	
DCTX	Vineta	Norderney	24,5	8,65	60
DCTY	Grete	Emden	80,8*	28,51*	275
DCTZ	Bremse	Borkum	15,6	5,49	55
DCUA	Edith	Papenburg	184,4	65,09	50

* = Bruttoraumgehalt.

DCUB — DDBF

Unterscheidungssignale	Namen der Schiffe	Heimathafen	Kubikmeter (Nettoraumgehalt)	Registertons (Nettoraumgehalt)	PS
DCUB	Frieda-Luise	Greetsiel	10,2	3,61	65
DCUC	Otto Schepers	Haren/Ems	340,1	120,00	250
DCUD	Dorothea	Haren/Ems	163,3*	57,66*	245
DCUE	Ems IV	Leer	192,4*	67,91*	225
DCUF	Lilo	Leer	4,3	1,53	44
DCUG	Johann Schulte	Emden	9910,0	3502,00	2750
DCUH	Möve	Greetsiel	10,4	3,67	70
DCUI	Hanne	Westrhauderfehn	236,0	83,32	150
DCUJ	Bernhard	Haren/Ems	270,3	95,43	75
DCUK	Anna Maria	Ostrhauderfehn	53,0	18,70	25
DCUL	St. Antonius	Haren/Ems	343,8	121,36	250
DCUM	Rudolf Schepers	Haren/Ems	502,6	177,41	250
DCUN	Eliza Nübel	Emden	—	—	2000
DCUO	Hermann	Haren/Ems	274,0	96,12	200
DCUP	Jacobus Fritzen	Emden	2154,8	760,65	1250
DCUQ	Hermann Schulte	Emden	5462,1	1928,11	1500
DCUR	Karl	Haren/Ems	273,2	96,44	250
DCUS	Otto	Haren/Ems	348,3	122,97	250
DCUU	Franz	Haren/Ems	273,2	96,44	265
DCUV	Neptun	Borkum	1,3	0,47	12
DCUW	Heinrich Schulte	Emden	4443,4	1568,51	1250
DDAE	Akke	Varelerhafen	13,5	4,77	100
DDAF	Albert	Rüstersiel	4,8	1,70	22
DDAG	Anni	Wilhelmshaven	59,2	20,90	130
DDAH	Auster	Wilhelmshaven	11,1	3,92	36
DDAI	Brigitte	Varelerhafen	13,4	4,72	100
DDAJ	Dauens	Bremen	331,8	116,84	150
DDAK	Delphin	Wilhelmshaven	4,0	1,42	36
DDAL	Eckwarden	Wilhelmshaven	134,0	47,29	160
DDAM	Edo Meyer	Varelerhafen	9,5	3,37	30
DDAN	Elfriede	Wremen	3,1	1,09	10
DDAO	Elke	Wilhelmshaven	9,5	3,37	36
DDAP	Elsa	Wremen	5,1	1,80	26
DDAQ	Fortuna	Rüstersiel	6,4	2,27	25
DDAR	Frauke	Hooksiel	10,8	3,81	75
DDAS	Friesland	Wangerooge	260,1	91,83	310
DDAT	Friesland	Wilhelmshaven	6,3	2,22	20
DDAU	Frisia	Hooksiel	3,9	1,38	24
DDAV	Geeske	Varelerhafen	95,5	33,71	50
DDAW	Gnom	Bremen	503,9	177,89	250
DDAX	Hebelina	Borkum	369,2	130,00	150
DDAY	Heiko	Varelerhafen	13,5	4,75	100
DDAZ	Hein Godenwind	Rüstersiel	4,8	1,70	15
DDBA	Helene-Auguste	Wilhelmshaven	59,7	21,09	140
DDBB	Helene Margarethe	Wilhelmshaven	5,4	1,92	25
DDBC	H. Meyer	Varelerhafen	15,6	5,51	130
DDBD	Iduna	Varelerhafen	7,3	2,56	50
DDBE	Irene	Varelerhafen	4,4	1,08	25
DDBF	Jade II	Wilhelmshaven	9,8	3,46	36

* = Bruttoraumgehalt.

DDBG — DDDG

Unterscheidungssignale	Namen der Schiffe	Heimathafen	Nettoraumgehalt Kubikmeter	Nettoraumgehalt Registertons	PS
DDBG	Jade	Wilhelmshaven	6,3	2,24	36
DDBH	Jan	Varelerhafen	13,5	4,75	65
DDBI	Jan Waalke	Varelerhafen	13,5	4,75	65
DDBJ	Johanne	Varelerhafen	5,7	2,01	12
DDBK	Juist	Bremerhaven	467,2	165,00	200
DDBL	Karl Heinz	Emden	12,7	4,48	100
DDBM	Karl Heinz	Wremen	3,2	1,13	25
DDBN	Kehrwieder	Hooksiel	8,4	2,96	36
DDBO	Kehrwieder	Wilhelmshaven	10,0	3,54	36
DDBP	Klaus Günter	Wilhelmshaven	10,5	3,71	50
DDBQ	Leonore-Johanne	Ditzum	8,7	3,06	50
DDBR	Liebe	Rüstersiel	4,9	1,74	18
DDBS	Margarete	Wremen	8,9	3,14	36
DDBT	Marie	Wremen	4,8	1,69	50
DDBU	Martha	Hooksiel	10,6	3,74	25
DDBV	Martha	Wilhelmshaven	4,4	1,54	25
DDBW	Martha VII	Wilhelmshaven	3,5	1,25	13
DDBX	Meike	Varelerhafen	50,1	17,69	220
DDBY	Mellum	Wilhelmshaven	135,1	47,70	150
DDBZ	Möve	Wremen	4,8	1,69	25
DDCA	Möwe	Varelerhafen	6,1	2,17	36
DDCB	Nattnäs	Borkum	5,3	1,86	36
DDCC	Nixe	Wremen	3,5	1,24	15
DDCE	Nordlicht	Varel	6,8	2,41	25
DDCF	Nordstern	Dangast	8,5	3,00	50
DDCG	Ostfriesland	Varelerhafen	3,6	1,26	10
DDCH	Ostpreußen	Wilhelmshaven	59,7	21,09	120
DDCI	Planet	Wilhelmshaven	57,2	20,21	120
DDCJ	Pommern	Wilhelmshaven	5,2	1,83	20
DDCK	Reinhold	Wilhelmshaven	10,9	3,87	68
DDCL	Ria	Wremen	3,4	1,20	26
DDCM	Saturn	Wilhelmshaven	17,6	6,21	50
DDCN	Saturn	Wilhelmshaven	14,2	5,00	32
DDCO	Schwalbe	Hooksiel	4,6	1,61	10
DDCP	Schwalbe	Varel	4,9	1,74	10
DDCQ	Seeadler	Varelerhafen	9,3	3,29	65
DDCR	Seehund	Wilhelmshaven	7,1	2,50	20
DDCS	Sirius	Wilhelmshaven	26,0	9,19	75
DDCT	Störtebecker	Varelerhafen	3,1	1,08	20
DDCU	Tide	Varelerhafen	5,7	2,01	30
DDCV	Trotz	Varelerhafen	3,8	1,34	12
DDCW	Venus	Wilhelmshaven	5,9	2,09	20
DDCX	Wal	Varelerhafen	12,0	4,25	60
DDCZ	Holstein	Schulau	57,2	21,21	150
DDDA	Wilma	Varelerhafen	6,4	2,27	8
DDDB	Fortuna	Wilhelmshaven	5,2	1,86	25
DDDC	Anna-Margaretha	Wilhelmshaven	5,0	1,78	—
DDDD	Fortuna	Varelerhafen	8,9	3,14	40
DDDG	Hanne	Wilhelmshaven	18,9	6,95	150

DDDH — DDGP

Unterscheidungssignale	Namen der Schiffe	Heimathafen der Schiffe	Kubikmeter Nettoraumgehalt	Registertons Nettoraumgehalt	PS
DDDH	Käthe	Wilhelmshaven	20,9	7,37	90
DDDK	Sirius	Wilhelmshaven	114,1	40,27	200
DDDM	Elfe	Wilhelmshaven	38,7	13,65	2×50
DDDN	Anna Bohlen	Varel	147,3	51,98	85
DDDO	Arngast	Wilhelmshaven	424,5*	150*	2×1400
DDDP	J. Kengelbach	Varel	3,6	1,26	75
DDDR	Ina	Rüstersiel	5,4	1,89	25
DDEZ	Adler	Brake	23,1	8,16	80
DDFA	Aenna Jacobs	Brake	140,4	49,56	100
DDFC	Alma	Brake	6,9	2,44	30
DDFD	Anna	Brake	186,7	65,91	80
DDFE	Anna	Brake	10,9	3,84	72
DDFF	Anna	Brake	8,8	3,10	75
DDFG	Anna Tekla	Brake	7,8	2,76	40
DDFH	Anne Friede	Brake	6,2	2,19	15
DDFI	Annegret	Brake	98,6	34,80	50
DDFJ	Asathor	Fedderwardersiel	6,2	2,19	45
DDFK	Auguste	Brake	115,6	40,80	75
DDFL	Barsch	Brake	14,4	5,10	120
DDFM	Katharina	Strohausen	12,2	4,32	30
DDFN	Concordia	Barssel	45,2	15,98	22
DDFO	Condor	Brake	35,6	12,58	80
DDFP	Conkorent	Brake	7,4	2,60	30
DDFQ	Dietrich Ahrens	Brake	259,3	91,53	150
DDFR	Dora	Fedderwardersiel	12,8	4,53	56
DDFS	Ebenezer	Brake	118,2	41,72	75
DDFT	Ebenezer	Brake	11,7	4,15	50
DDFU	Elsbeth	Großensiel	4,2	1,48	12
DDFV	Erna	Brake	240,0	84,73	75
DDFW	Falke	Burhaversiel	9,1	3,22	45
DDFX	Franz Ohlrogge	Brake	991,0	349,82	400
DDFY	Freya	Fedderwardersiel	3,6	1,26	50
DDFZ	Frieda	Brake	13,8	4,86	75
DDGA	Frieda Luise	Dedesdorf	147,2	51,97	30
DDGB	Frieden	Brake	36,0	12,70	180
DDGC	Friedrich-August	Oldenburg	151,1*	53,34*	400/500
DDGD	Friesenland	Brake	425,1	150,07	150
DDGE	Garneele	Waddensersiel	4,1	1,43	20
DDGF	Gebrüder	Nordenham	29,1	10,28	240
DDGG	Georg	Brake	9,5	3,35	40
DDGH	Gerda	Brake	134,4	47,44	75
DDGI	Gorch Fock	Burhaversiel	8,9	3,16	36
DDGJ	Grete	Brake	140,1	49,46	105
DDGK	Grete	Brake	90,2	31,84	50
DDGL	Grüß Gott	Fedderwardersiel	10,4	3,66	60
DDGM	Hannelore	Brake	12,6	4,45	100
DDGN	Hanni	Fedderwardersiel	3,1	1,09	30
DDGO	Hans	Brake	9,2	3,42	75
DDGP	Hans Georg	Elsfleth	259,5	91,62	165

* = Bruttoraumgehalt.

DDGQ — DDIO

Unterscheidungssignale	Namen der Schiffe	Heimathafen	Kubikmeter (Nettoraumgehalt)	Registertons (Nettoraumgehalt)	PS
DDGQ	Hans Hermann	Brake	106,2	37,50	60
DDGR	Hecht	Brake	9,3	3,29	36
DDGS	Heidina	Barsselermoor	71,3	25,16	36
DDGT	Heinrich	Barssel	188,6	66,60	120
DDGU	Helene	Brake	96,8	34,16	60
DDGV	Helene	Elsfleth	212,3	74,95	300
DDGW	Helene	Nordenham	4,5	1,59	36
DDGX	Henny	Großensiel	109,9	38,82	60
DDGY	Hermann	Barssel	100,0	35,31	70
DDGZ	Hilde	Großensiel	129,9	38,35	36
DDHA	Hildegard	Brake	5,2	1,84	40
DDHB	Hoffnung	Brake	224,8	79,34	150
DDHC	Hoffnung	Fedderwardersiel	13,4	4,68	50
DDHD	Hunte	Oldenburg	46,8*	16,53*	70
DDHE	Ida	Barssel	78,8	27,80	36
DDHF	Iduna	Brake	135,9	47,97	80
DDHG	Iduna	Fedderwardersiel	5,7	2,00	24
DDHH	Ingeborg	Oldenburg	141,2	49,86	70
DDHI	Ingemarie	Brake	108,5	38,31	75
DDHJ	Irjo	Brake	9,4	3,32	56
DDHK	Johann	Oldenburg	195,5	69,00	—
DDHL	Johann	Barssel	110,8	39,12	67
DDHM	Johanna	Brake	207,5	73,26	165
DDHN	Johannes	Nordenham	6,7	2,35	25
DDHO	Jupiter	Fedderwardersiel	15,8	5,58	50
DDHP	Karl	Oldenburg	98,3*	34,69*	110
DDHQ	Karl Georg	Brake	18,7	6,59	36
DDHR	Karla Baake	Brake	6,4	2,25	56
DDHS	Lene	Brake	11,5	4,05	40
DDHT	Lilly	Brake	218,4	77,11	120
DDHU	Luise Bergmann	Brake	380,6	134,35	200
DDHV	Luki	Nordenham	2,7	0,95	12
DDHW	Margaretha	Fedderwardersiel	17,1	6,04	120
DDHX	Margaretha	Brake	4,3	1,51	15
DDHY	Margarethe	Brake	163,9	57,86	75
DDHZ	Margarethe	Brake	21,1	7,41	50
DDIA	Maria	Barssel	140,6	49,63	95
DDIB	Christoph	Brake	186,6	65,87	135
DDIC	Mathilde	Brake	87,0	30,72	50
DDID	Midgard I	Nordenham	724,7	255,81	—
DDIE	Midgard II	Nordenham	728,8	257,26	—
DDIF	Midgard V	Nordenham	892,6	315,08	—
DDIG	Midgard VI	Nordenham	826,7	291,81	—
DDIH	Möwe	Brake	29,3	13,87	150
DDII	Möwe	Brake	122,3	43,16	75
DDIJ	Möwe	Fedderwardersiel	8,8	3,11	36
DDIK	Möwe	Burhaversiel	5,2	1,85	24
DDIM	Oldenburg	Bremerhaven	743,8	262,55	450
DDIO	Preußen	Bremerhaven	460,6	162,61	450

* = Bruttoraumgehalt.

DDIP — DDMV

Unterscheidungssignale	Namen der Schiffe	Heimathafen der Schiffe	Kubikmeter Nettoraumgehalt	Registertons Nettoraumgehalt	PS
DDIP	Regina	Brake	273,1	96,42	135
DDIQ	Reiher	Brake	36,0	12,70	150
DDIR	Rosette	Strohausen	78,4	27,68	25
DDIS	Schwalbe	Brake	13,3	4,71	80
DDIT	Schwalbe	Fedderwardersiel	7,2	2,53	75
DDIU	Seeadler	Brake	83,2	29,38	50
DDIV	Seeadler	Brake	125,8	44,43	75
DDIW	Seeadler	Eckwardersiel	14,3	5,05	70
DDIX	Seehund	Blexen	7,7	2,72	65
DDIY	Seelöwe	Brake	5,5	1,95	25
DDIZ	Seeschwalbe	Eckwardersiel	3,7	1,31	20
DDJB	Sini	Idafehn	68,4	24,13	25
DDJD	Stina	Brake	222,2	78,44	75
DDJE	Sturmvogel	Großensiel	17,6	6,21	50
DDJF	Thekla	Barssel	278,7	98,37	200
DDJG	Uranus	Kleinensiel	3,2	1,14	12
DDJH	Ursula	Brake	4,3	1,50	36
DDJI	Vorwärts	Brake	139,5	49,25	75
DDJJ	Weserlust	Fedderwardersiel	5,0	1,77	25
DDJK	Wilhelm Lühring	Brake	257,1	90,75	100
DDJL	Wilhelmine	Brake	15,0	5,30	40
DDJM	Zwei Gebrüder	Fedderwardersiel	29,2	10,33	240
DDJN	Heinz-Herbert	Brake	108,7	38,37	110
DDJO	Midgard III	Nordenham	730,6	257,89	—
DDJP	Nordenham XII	Nordenham	35,1	12,41	360
DDJR	Tiefbau	Blexen	0,7	0,25	90
DDJS	Berta Jacobs	Brake	156,8	55,35	100
DDJT	Schulschiff Deutschland	Oldenburg	2179,2	769,26	—
DDJU	Dora	Nordenham	7,6	2,70	24
DDJV	Karl	Bremen	112,8*	39,84*	120
DDJW	Hoffnung	Brake	131,6	46,46	100
DDJX	Seemöve	Brake	66,3	23,42	—
DDJY	Fortschritt	Nordenham	6,5	2,31	36
DDJZ	Johann	Nordenham	8,1	2,86	40
DDKB	Elise	Elsfleth	101,3	35,77	—
DDKC	Welle	Brake	12,6	4,46	—
DDKD	Diana	Eckwardersiel	4,2	1,49	—
DDKE	Assistent I	Lemwerder	34,9	12,32	170
DDKF	Heinz-Werner	Absersiel	7,7	2,71	25
DDKG	Jan Hein	Brake	—	—	—
DDKJ	Elisabeth	Brake	211,3	74,59	75
DDKK	Elisabeth	Barssel	401,5	141,73	250
DDKL	Otto	Brake	163,5*	57,72*	—
DDMR	Aade	Bremen	413,4	145,91	560
DDMS	Adler	Bremen-Vegesack	200,0	70,45	120
DDMT	Adolf	Bremen-Vegesack	193,0	67,98	200
DDMU	Alberich	Bremen-Vegesack	198,0	69,72	70
DDMV	Alk	Bremen-Vegesack	170,0	59,98	80

* = Bruttoraumgehalt.

DDMW — DDOU

Unterscheidungssignale	Namen der Schiffe	Heimathafen der Schiffe	Kubikmeter (Nettoraumgehalt)	Registertons (Nettoraumgehalt)	PS
DDMW	Amsel	Bremen-Vegesack	190,0	66,90	75
DDMX	Angelika	Wremen	3,4	1,20	15
DDMY	Auerhahn	Bremen-Vegesack	207,0	73,15	130
DDMZ	Bremen	Bremen-Vegesack	224,0	79,04	150
DDNA	Brenntag	Bremen	576,7	203,59	—
DDNB	Brunhild	Bremen-Vegesack	200,0	70,69	75
DDNC	Castor	Bremen	906,1	319,86	1200
DDND	Columbia	Bremen	240,3*	84,84*	480
DDNE	Dankwart	Bremen	370,1	130,63	150
DDNF	Delphin	Bremen	398,0	140,30	820
DDNG	Dirk	Bremerhaven	287,1	101,35	300
DDNI	Edward	Bremen-Vegesack	193,0	68,00	200
DDNK	Elsfleth	Bremen	533,8*	188,44*	980
DDNL	Emanuel II	Bremen	222,7	78,61	150
DDNM	Ente	Bremen-Vegesack	203,0	71,65	130
DDNN	Fasan	Bremen-Vegesack	214,0	75,67	120
DDNO	Fasolt	Bremen-Vegesack	269,8	95,24	200
DDNP	Feronia	Bremen	971,8	343,04	400
DDNQ	Fides	Bremen	1165,7	412,00	270
DDNR	Fido	Bremen	751,4	265,26	340
DDNS	Fink	Bremen-Vegesack	189,0	66,74	75
DDNT	Flink	Bremen	144,6*	51,04*	390
DDNU	Fortuna	Bremen	681,4	304,07	350
DDNV	Frieda	Bremen-Vegesack	215,0	75,75	80
DDNW	Geier	Bremen-Vegesack	201,2	71,01	120
DDNX	Gerda	Bremen-Vegesack	253,8	89,59	130
DDNY	Germania	Bremen	262,0	92,49	150
DDNZ	Glück-Auf	Bremen	149,9	52,92	90
DDOA	Gretchen	Bremen	327,2	115,49	165
DDOB	Grundhai	Bremen	98,0*	34,59*	390
DDOC	Gunther	Bremen-Vegesack	198,0	69,72	70
DDOD	Habicht	Bremen-Vegesack	198,0	69,72	120
DDOE	Hagen	Bremen-Vegesack	198,0	69,72	70
DDOF	Hindina	Bremen	276,4	98,97	240
DDOG	Irak	Bremen	561,4	198,17	310
DDOH	Isenbert	Bremen	517,3	182,60	2×130
DDOI	Jever	Bremen-Vegesack	173,1	61,09	75
DDOJ	Juno	Bremen	905,6	319,68	270
DDOK	Jupiter	Bremen	932,9	329,92	270
DDOL	Kolibri	Bremen-Vegesack	217,0	76,69	130
DDOM	Kondor	Bremen-Vegesack	201,0	71,00	120
DDON	Kranich	Bremen-Vegesack	214,0	75,39	80
DDOO	Lerche	Bremen-Vegesack	222,0	78,22	130
DDOP	Ludwig Friederich	Bremen	761,5	268,82	480
DDOQ	Luise	Bremen-Vegesack	189,0	66,87	110
DDOR	Maria	Elsfleth	96,4	34,04	40
DDOS	Marie Schwinge	Bremen	432,8	152,79	150
DDOT	Meise	Bremen-Vegesack	225,9	79,76	130
DDOU	Mercur	Bremen	1206,6	425,93	350

* = Bruttoraumgehalt.

DDOV — DDQV					
Unterscheidungssignale	Namen	Heimathafen	Kubikmeter	Registertons	PS
	der Schiffe		Nettoraumgehalt		
DDOV	Mime	Bremen-Vegesack	269,8	95,24	200
DDOW	Nereus	Bremen	1086,2	383,44	350
DDOX	Nora	Bremen	329,8	116,44	150
DDOY	Norder Till	Bremen	847,8	299,28	350
DDOZ	Nr. 78	Bremen	1086,1	383,39	—
DDPA	Nr. 80	Bremen	1086,1	383,39	—
DDPB	Nr. 94	Bremen	1550,7	547,41	—
DDPC	Nr. 125	Bremen	1109,1	391,53	—
DDPD	Nr. 127	Bremen	1070,1	377,74	—
DDPE	Nr. 129	Bremen	1106,0	390,40	—
DDPF	Nr. 135	Bremen	1077,6	380,39	—
DDPG	Nr. 137	Bremen	1076,5	379,99	—
DDPI	Nr. 144	Bremen	1120,4	395,52	—
DDPK	Nr. 150	Bremen	791,4	279,37	—
DDPL	Nr. 153	Bremen	774,9	273,53	—
DDPM	Nr. 156	Bremen	1124,7	397,02	—
DDPN	Nr. 157	Bremen	1101,9	388,98	—
DDPO	Nr. 158	Bremen	1102,8	389,29	—
DDPP	Nr. 160	Bremen	1133,5	400,13	—
DDPQ	Nr. 162	Bremen	1188,1	419,41	—
DDPR	Nr. 163	Bremen	1188,1	419,41	—
DDPT	Nr. 167	Bremen	1188,1	419,41	—
DDPU	Nr. 168	Bremen	1143,2	403,55	—
DDPV	Nr. 169	Bremen	1190,0	420,07	—
DDPW	Nr. 170	Bremen	1095,4	386,69	—
DDPX	Nr. 171	Bremen	1094,3	386,28	—
DDPY	Oldenburg	Bremen-Vegesack	210,0	74,24	150
DDPZ	Pelikan	Bremen-Vegesack	214,0	75,39	80
DDQA	Phoebus	Bremen	1025,0	361,07	350
DDQB	Ramsoy	Bremen	191,3	67,74	125
DDQC	Reiher	Bremen-Vegesack	175,0	61,63	100
DDQE	Rotesand	Bremen	589,0	207,95	450
DDQF	Schwan	Rendsburg	214,8	75,82	100
DDQG	Specht	Bremen-Vegesack	171,0	60,28	100
DDQH	Sperber	Bremen-Vegesack	198,0	69,70	120
DDQI	Sperling	Bremen-Vegesack	206,0	72,64	75
DDQJ	Spica	Bremen	241,0*	85,19*	525
DDQK	Stieglitz	Bremen-Vegesack	206,0	72,64	75
DDQL	Strauss	Bremen-Vegesack	201,4	71,11	120
DDQM	Taube	Bremen-Vegesack	214,4	75,67	120
DDQN	Tilly	Bremen	229,3	80,93	180
DDQO	Unitas I	Bremen	626,2	221,05	2500
DDQP	Warfleth	Bremen-Vegesack	173,0	61,09	75
DDQQ	Wellgunde	Bremen-Vegesack	191,0	67,25	70
DDQR	Weser	Bremen	196,2	69,27	100
DDQS	Wester Till	Bremen	628,0	221,70	240
DDQT	Wietze	Bremen-Vegesack	177,8	62,76	100
DDQU	Wilhelm	Bremen-Vegesack	215,0	75,75	80
DDQV	Wotan	Bremen-Vegesack	260,0	91,72	70

* = Bruttoraumgehalt.

DDQW — DDSU

Unterscheidungssignale	Namen der Schiffe	Heimathafen der Schiffe	Kubikmeter Nettoraumgehalt	Registertons Nettoraumgehalt	PS
DDQW	Zaunkönig	Bremen-Vegesack	203,0	71,52	130
DDQX	Libelle	Bremen	382,1	134,88	550
DDQY	Stur	Bremen	372,9*	131,64*	
DDRA	Fasan	Bremen	1780,4	628,48	1200
DDRB	Geestemünde	Bremen	24,4	8,63	560
DDRC	Argenfels	Bremen	10395,9	3669,75	4000
DDRD	Fauna	Bremen	1909,2	673,95	2×550
DDRE	Arion	Bremen	3116,0	1099,96	1970
DDRF	Bachus	Bremen	964,3	340,50	350
DDRG	Rebecka E.	Bremen	196,8	69,47	125
DDRH	Heddernheim	Bremen	4416,6	1559,04	1120
DDRI	Bombay	Bremen	286,3*	101,07*	350
DDRJ	California	Bremen	512,1	180,77	200
DDRK	Ingorata	Bremen	18,4	6,51	20
DDRM	Nr. 134	Bremen	1072,6	378,64	—
DDRN	Bayern	Bremen-Vegesack	217,6	95,89	200
DDRO	Triton	Bremen	23,0	8,10	495
DDRP	Nordstern	Bremen	161,0	56,83	450
DDRQ	Centaur	Bremen	180,2	63,62	690
DDRR	Löwe	Bremen	604,1*	213,25*	1400
DDRS	Nr. 2	Bremen	809,0	285,59	—
DDRT	Nr. 1	Bremen	808,4	285,38	—
DDRU	Nr. 79	Bremen	1082,1	383,39	—
DDRV	Nr. 11	Bremen	820,4	289,61	—
DDRW	Nr. 13	Bremen	848,4	299,47	—
DDRX	Nr. 12	Bremen	828,5	292,58	—
DDRY	Nr. 136	Bremen	1070,1	377,76	—
DDRZ	Nr. 141	Bremen	1080,0	381,26	—
DDSA	Kolibri	Bremen	205,5*	72,54*	420
DDSB	Hengst	Bremen	413,4*	145,91*	540
DDSC	Habicht	Bremen	28,3	9,99	430
DDSD	Wangerooge	Bremen	714,4	252,19	1800
DDSE	Harle	Bremen	488,0	172,25	1200
DDSF	Iran	Bremen	566,2	199,90	310
DDSG	India	Bremen	116,7	41,21	2×50
DDSH	Porebunder	Bremen	131,6*	46,46*	300
DDSI	Griesheim	Bremen	7521,2	2654,99	2000
DDSJ	Helene	Bremen	6,3	2,21	
DDSK	Hessen	Bremen-Vegesack	271,6	95,89	200
DDSL	Württemberg	Bremen-Vegesack	271,6	95,89	200
DDSM	Hundseck	Bremen	2236,4	789,46	1800
DDSN	Bremerhaven	Bremen	75,1	26,52	700
DDSO	Geier	Bremen	35,9	12,60	450
DDSP	Sperling	Bremen	286,0*	101,07*	420
DDSQ	Strande I	Bremen	200,0*	70,61*	390
DDSR	Seefalke	Bremerhaven	83,8	29,57	2×1550
DDSS	Henriette Charlotte	Bremen	49,8	17,58	60/80
DDST	Schleswig	Bremen-Vegesack	271,6	95,89	200
DDSU	Weissesee	Bremen	7422,7	2630,23	2700

* = Bruttoraumgehalt.

DDSV — DEOK

Unter-scheidungs-signale	Namen der Schiffe	Heimathafen der Schiffe	Kubikmeter (Nettoraumgehalt)	Registertons (Nettoraumgehalt)	PS
DDSV	Frieda Morgenroth	Bremen	412,8	145,71	250
DDSW	Memel	Bremen	247,4	87,34	135
DDSX	Holstein	Bremen-Vegesack	271,6	95,89	200
DDSY	Bogota	Bremen	1738,1	613,54	1680
DDSZ	Soneck	Bremen	1396,3	492,89	1000
DDTA	Monika Wiards	Bremen	9085,9	3186,13	2000
DDTB	Stadtland	Bremen	277,6	98,00	200
DDTC	Pylades	Bremen	1013,6	357,80	550
DDTD	Vesta	Bremen	2500,9	882,81	1100
DDTE	Ansgaritor	Bremen	10149,4	3586,39	
DDTF	Greiffenfels	Bremen	10506,2	3708,70	4000
DDTG	Hans	Bremen	412,8	145,71	300
DDTH	Grete Büscher	Bremen	398,1	140,53	250
DDTI	Magdalene Vinnen	Bremen	8144,3	2877,86	2400
DDTJ	Erna	Bremen	2015,5	714,48	680
DDTK	Adler	Bremen	2166,3	764,70	1500
DDTL	Onkel Fidi	Bremen-Vegesack	27,5	9,72	
DDTM	Crostafels	Bremen	10621,0	3753,0	3400
DDTN	Geversdorf	Bremen	500,5	176,67	250
DDTO	Oktant	Bremen	398,1	140,53	250
DDTP	Axenfels	Bremen	7524,6	2656,18	
DDTQ	Argo	Bremen	2204,1	778,05	1500
DDTR	Falke	Bremen	2166,3	764,07	1500
DDTS	Nautilus	Bremen	5103,2	1802,15	
DDTT	Industria	Bremen			
DDTU	Adele	Bremen		2269	1460
DDTV	Zeus II	Bremen	446,3	157,56	
DDTW	Pauline Friederich	Bremen		3710,8	
DENP	Alice	Bremerhaven	19,2	6,78	22
DENQ	Andreas	Bremen	63,8	22,52	120
DENR	Anita	Bremerhaven	3,5	1,23	40
DENS	Anna	Wremen	11,2	3,95	40
DENU	Athlet	Bremerhaven	18,7	6,60	320
DENV	August	Bremerhaven	7,9	2,79	28
DENW	Bärbel	Bremerhaven	63,6	22,45	120
DENX	Berger III	Bremerhaven	986,0	348,07	
DENY	Bernhard	Bremerhaven	5,1	1,80	85
DENZ	Berta	Bremerhaven	62,6	22,09	120
DEOA	Bertha	Bremerhaven	22,4	7,91	16
DEOB	Bremen	Bremerhaven	138,0	48,73	175
DEOC	Capella	Bremerhaven	73,3	25,84	150
DEOD	Carl Lauerwald	Bremerhaven	63,7	22,49	120
DEOE	Chronik	Bremerhaven	1046,8	365,53	
DEOF	Comet	Bremerhaven	221,7*	78,27*	450
DEOH	Elfriede	Bremerhaven	18,9	6,67	120
DEOI	Else Marie	Bremerhaven	63,5	22,41	120
DEOJ	Emma	Bremerhaven	5,8	2,05	40
DEOK	Emmy	Bremerhaven	10,0	3,50	20

* = Bruttoraumgehalt.

DEOL — DEQI

Unter-scheidungs-signale	Namen der Schiffe	Heimathafen der Schiffe	Kubikmeter (Nettoraumgehalt)	Registertons (Nettoraumgehalt)	PS
DEOL	Eva	Bremerhaven	4,7	1,66	8
DEOM	Falke	Bremerhaven	9,5	3,35	60
DEON	Fock u. Hubert	Bremerhaven	592,5	209,00	800
DEOO	Forelle	Bremerhaven	32,5	11,47	120
DEOP	Franziska	Bremerhaven	3,6	1,27	20
DEOQ	Freya	Bremerhaven	12,4	4,38	60/70
DEOR	Friedel	Bremerhaven	60,9	21,50	120
DEOS	Frisia	Bremerhaven	7,6	2,68	72
DEOU	Gerd	Bremerhaven	11,4	4,02	150
DEOV	Gerda	Bremerhaven	57,5	20,29	125
DEOW	Gier	Bremerhaven	193,1	68,17	
DEOX	Glattesee	Bremerhaven	969,0	342,06	400
DEOY	Gladiator	Bremerhaven	8,5	3,00	40
DEOZ	Gunter	Bremerhaven	99,4	35,08	150
DEPA	Harald	Bremerhaven	3,8	1,34	12
DEPB	Heike	Bremerhaven	64,2	22,66	120
DEPC	Herta II	Bremerhaven	10,4	3,67	45
DEPD	Hertha	Bremerhaven	64,5	22,77	120
DEPE	Herzogin Ingeborg	Bremerhaven	229,4	80,98	350
DEPF	Hever	Bremerhaven	647,2	228,45	275
DEPG	H. Klopp	Bremerhaven	26,6	9,39	80
DEPH	Hoffnung	Lübeck-Travemünde	37,5	13,24	125
DEPI	Horst Wilh.	Bremerhaven	63,5	22,42	125
DEPJ	Iduna	Bremerhaven	6,2	2,19	25
DEPK	Iris	Bremerhaven	64,0	22,69	120
DEPM	Jan-Bumann	Bremerhaven	60,9	21,49	125
DEPN	Jan Grieb	Bremerhaven	63,5	22,43	120
DEPO	Jan von Gent	Bremerhaven	61,4	21,67	120
DEPP	Jochen	Bremerhaven	39,6	13,98	100
DEPQ	Niederelbe	Bremerhaven	61,7	21,78	120
DEPR	Karin I	Bremerhaven	12,2	4,31	10
DEPS	Karoline	Bremerhaven	65,1	22,98	120
DEPU	Lotte	Bremerhaven	6,6	2,33	28
DEPV	Louise	Bremerhaven	5,7	2,01	50
DEPW	Magnet	Bremerhaven	803,4	283,60	
DEPX	Makrele	Bremerhaven	63,8	22,50	120
DEPY	Marianne	Bremerhaven	29,7	10,48	125
DEPZ	Martha	Bremerhaven	12,9	4,55	20
DEQA	Memel	Bremerhaven	35,7	12,60	125
DEQB	Mia	Bremerhaven	8,5	3,00	75
DEQC	M 374	Bremerhaven	563,2	198,31	800
DEQD	Nation	Bremerhaven	1050,6	370,87	
DEQE	Nordfjord	Bremerhaven	60,6	21,39	125
DEQF	Nordkap	Bremerhaven	67,6	23,86	100
DEQG	Nordland	Bremerhaven	60,6	21,24	125
DEQH	Nordlicht	Bremerhaven	65,3	23,06	100
DEQI	Nordmeer	Bremerhaven	67,6	23,86	125

DEQJ — DESJ

Unterscheidungssignale	Namen der Schiffe	Heimathafen der Schiffe	Kubikmeter Nettoraumgehalt	Registertons Nettoraumgehalt	PS
DEQJ	Nordpol	Bremerhaven	66,7	23,54	125
DEQK	Nordsee	Bremerhaven	35,1	12,39	240
DEQL	Nordstern	Bremen	6,2	2,19	40
DEQM	Nordstern	Bremerhaven	67,6	23,86	100
DEQN	Nordstrand	Bremerhaven	60,6	21,41	125
DEQO	Nordwind	Bremerhaven	67,6	23,86	100
DEQQ	Otto	Bremerhaven	65,2	23,01	120
DEQR	Paul	Bremerhaven	8,5	3,00	60/70
DEQS	Paula	Bremerhaven	5,1	1,80	35
DEQT	Peterle	Bremerhaven	61,7	21,78	120
DEQU	Preil	Bremerhaven	40,0	14,12	130
DEQV	Preciosa	Wremen	5,4	1,92	20
DEQW	Rheinland	Bremerhaven	144,6	51,04	240
DEQX	Schwalbe	Bremerhaven	10,8	3,81	40
DEQY	Seenixe	Bremerhaven	8,0	2,81	36
DEQZ	Sturmvogel	Bremerhaveb	2,7	1,00	120
DERA	Sylt	Bremerhaven	62,8	22,17	120
DERB	Thetis	Bremerhaven	594,0	210,00	800
DERC	Traute	Bremerhaven	15,5	5,31	75
DERD	Uranus	Lübeck-Travemünde	26,8	9,47	100/150
DERE	Vorwärts	Bremerhaven	12,0	4,20	75
DERH	Wesermarsch	Bremerhaven	172,0	60,70	75
DERI	Weser-River	Bremerhaven	21,3	7,52	50
DERJ	Westfalen	Bremerhaven	152,9	53,97	175
DERK	Wilhelm Peter	Bremerhaven	64,2	22,67	120
DERL	Willkommen	Bremerhaven	5,9	2,09	40
DERM	Wilma	Bremerhaven	59,0	20,83	125
DERN	Unverzagt	Bremerhaven	220,7*	77,90*	90
DERO	Dora	Bremerhaven	12,1	4,29	75
DERP	Ingeborg	Bremerhaven	87,5	30,90	75
DERR	Frankfurt/Main	Bremerhaven	465,3	164,24	850
DERS	Ludwig Janssen	Bremerhaven	680,1	240,08	1000
DERU	Alfred	Bremerhaven	6,5	2,29	20
DERV	Odin	Bremerhaven	473,3	167,25	850
DERW	Thor	Bremerhaven	473,3	167,25	850
DERX	Straßburg	Bremerhaven	632,1	231,62	850
DERY	Nei-ut	Wremen	4,3	1,52	50
DERZ	Helga	Bremerhaven	10,7	3,76	40
DESA	Oliva	Bremerhaven	563,0	198,73	300
DESB	Elbing V	Bremerhaven	328,3	115,87	260
DESC	Buxta	Bremerhaven	543,6	191,89	980
DESD	Wartburg	Bremerhaven	656,1	231,62	570
DESE	Koopmann Bohn	Bremerhaven	62,7	22,12	120
DESF	Ingrid Breuers	Bremerhaven	247,9	87,50	132
DESG	Sirius	Arnis/Schlei	30,7	10,82	120
DESH	Bremerhaven	Bremerhaven	290,0	102,00	285
DESI	Ursula Marie	Bremerhaven	3,9	1,37	6
DESJ	Paul Meentzen	Bremerhaven	646,6	228,25	750

* = **Bruttoraumgehalt.**

DESK — DFFQ					
Unterscheidungssignale	Namen der Schiffe	Heimathafen der Schiffe	Kubikmeter Nettoraumgehalt	Registertons Nettoraumgehalt	PS
DESK	Erinnerung	Bremerhaven	60,9	21,49	125
DESL	Hermine	Bremerhaven	.		
DESM	Grönland	Bremerhaven	651,1	229,84	1000
DESN	Island	Bremerhaven	664,8	234,67	1000
DESO	Schleswig-Holstein	Bremerhaven	653,6	230,71	850
DESP	Marlies	Bremerhaven	64,5	22,82	120
DESQ	Osnabrück	Bremerhaven	640,1	225,95	750
DESR	Fladengrund	Bremerhaven	657,5	232,10	750
DEST	Christiana	Bremerhaven	57,0	20,13	120
DESU	Sonne	Bremerhaven	582,4	205,60	860
DESV	Sch 11	Bremerhaven	7,7	2,72	25
DESW	Schütting	Bremerhaven	705,1	248,90	750
DESX	Hans vom Hoff	Bremerhaven	667,4	239,12	850
DESY	Hans Kunkel	Bremerhaven	582,4	205,60	800
DESZ	Heinrich Bueren	Bremerhaven	679,6	239,88	850
DETA	Neptun	Bremerhaven	58,9	20,70	
DETB	Salm	Bremerhaven	61,3	21,51	
DETC	Germania	Bremerhaven	60,4	21,21	
DETD	Hildegard	Bremerhaven	62,4	22,05	120
DETE	Margarete Elisabeth	Bremerhaven	62,7	22,0	
DETF	Inge	Bremerhaven	62,1	21,86	
DETG	Vaterland	Bremerhaven	59,5	21,04	
DETH	Rolano	Bremerhaven	62,3	22,0	
DETI	Gebr. Meyer	Bremerhaven	60,9	21,02	
DETJ	Seelust	Bremerhaven	60,4	21,22	
DETK	Hanne	Bremerhaven	60,5	21,30	
DETL	Pollux	Bremerhaven	60,9	21,51	
DETM	Atlantic	Bremerhaven	62,4	22,03	
DETN	Fortuna	Bremerhaven	59,2	20,89	
DETP	Rainer Falko	Bremerhaven	64,4	22,20	
DETR	Christel	Bremerhaven	60,4	21,23	
DFEX	Aegir	Otterndorf	3,8	1,34	40
DFEY	Anna-Catharina	Cuxhaven	3,6	1,26	25
DFEZ	Antilope	Otterndorf	9,5	3,35	60
DFFA	Auguste	Cuxhaven	10,0	3,54	60
DFFC	Betty	Cuxhaven	8,8	3,11	25
DFFD	Bollermann	Cuxhaven	237,0	83,64	400
DFFE	Condor	Cuxhaven	7,3	2,58	50
DFFF	Diana	Otterndorf	4,6	1,62	40
DFFG	Direktor Lincke	Cuxhaven	266,0	94,00	400
DFFH	Dora	Dorum	4,2	1,48	18
DFFI	Edelweiß	Helgoland	5,3	1,89	17
DFFJ	Edelweiß	Otterndorf	7,6	2,68	18
DFFK	Edith	Cuxhaven	3,0	1,05	15
DFFL	Edith	Cuxhaven	3,3	1,16	12
DFFM	Eiche	Cuxhaven	3,6	1,27	28
DFFO	Elbbutt	Cuxhaven	7,8	2,75	30
DFFP	Elisabeth	Dorum	3,8	1,34	20
DFFQ	Elli	Dorum	4,5	1,59	50

DFFR — DFHR

Unter-scheidungs-signale	Namen der Schiffe	Heimathafen	Kubikmeter (Nettoraumgehalt)	Registertons (Nettoraumgehalt)	PS
DFFR	Elli	Cuxhaven	9,0	3,18	25
DFFS	Else	Dorum	6,7	2,37	25
DFFT	Else	Cuxhaven	8,7	3,07	20
DFFU	Emmi	Cuxhaven	8,0	2,82	50
DFFV	Eppendorf	Cuxhaven	235,2	83,02	400
DFFW	Ernst	Cuxhaven	38,2	11,80	40
DFFX	Eva	Cuxhaven	9,0	3,18	50
DFFY	Falke	Cuxhaven	11,7	4,13	75
DFFZ	Forelle	Cuxhaven	8,6	3,04	36
DFGA	Forst	Cuxhaven	231,3	81,64	400
DFGB	Fortuna	Cuxhaven	7,7	2,72	36
DFGC	Fortuna	Dorum	9,0	3,18	50
DFGE	Franz	Cuxhaven	4,8	1,69	16
DFGF	Frieda	Cuxhaven	4,2	1,48	40/45
DFGG	Fritz Hermann	Dorum	4,2	1,48	25
DFGH	Fritz Walter	Cuxhaven	10,8	3,81	25
DFGI	Gebrüder	Otterndorf	19,7	6,95	100
DFGJ	Gerda	Cuxhaven	4,9	1,72	50
DFGK	Gerhard	Geversdorf	113,5	40,07	50
DFGL	Germania	Dorum	5,8	2,04	36
DFGM	Gertrud	Cuxhaven	8,3	2,93	50
DFGN	Gertrud	Neuhaus	2,2	0,77	12
DFGO	Gertrud	Cuxhaven	2,8	0,98	15
DFGP	Gitta	Otterndorf	4,5	1,62	28
DFGQ	Gorch Fock	Cuxhaven	289,0	102,00	400
DFGR	Grete	Cuxhaven	31,3	11,04	75
DFGS	Grete	Dorum	4,2	1,47	25
DFGT	Grete	Dorum	4,3	1,51	20
DFGU	Gretel	Altenbruch	8,0	2,82	18
DFGV	Guschi	Cuxhaven	6,9	2,44	60
DFGW	Hans	Cuxhaven	5,4	1,91	24
DFGX	Hans Friedrich	Oberndorf	126,4	44,61	60
DFGY	Heike	Altenbruch	3,4	1,20	12
DFGZ	Heimkehr	Cuxhaven	18,3	6,46	100
DFHA	Helene Caecilia	Cuxhaven	3,7	1,31	16
DFHC	Hertha	Cuxhaven	9,9	3,49	20
DFHE	Hoffnung	Dorum	5,1	1,80	30
DFHG	Hüxter	Cuxhaven	299,0	105,53	400
DFHH	Ilse	Cuxhaven	5,2	1,84	28
DFHI	Inge	Otterndorf	8,9	3,14	25
DFHJ	Ingrid	Otterndorf	9,2	3,26	40
DFHK	Insulaner	Helgoland	148,0	52,10	80
DFHL	Irmgard	Cuxhaven	20,0	7,06	75
DFHM	Jans	Cuxhaven	4,6	1,62	35
DFHN	Jens	Cuxhaven	2,9	1,02	15
DFHO	Johann	Oberndorf	80,3	28,33	50
DFHP	Johann-Hinrich	Cuxhaven	284,0	100,00	400
DFHQ	Johannes	Cuxhaven	143,4	50,62	120
DFHR	Katharina-Auguste	Cuxhaven	9,4	3,32	16

DFHS — DFJS

Unterscheidungssignale	Namen der Schiffe	Heimathafen	Kubikmeter (Nettoraumgehalt)	Registertons (Nettoraumgehalt)	PS
DFHS	Keen Tied	Cuxhaven	80,0	28,24	150
DFHT	Keen Tied	Dorum	4,2	1,48	32
DFHU	Kehrwieder	Otterndorf	7,0	2,46	25
DFHV	Kehrwieder	Dorum	5,8	2,05	18
DFHW	Kehrewieder II	Dorum	3,4	1,20	22
DFHX	Klara	Cuxhaven	3,0	1,08	16
DFHY	Knurrhahn	Cuxhaven	3,5	1,24	18
DFHZ	Krabbe	Cuxhaven	7,6	2,68	24
DFIA	Kugelbake	Cuxhaven	4,7	1,66	15
DFIB	Lisel	Cuxhaven	10,9	3,85	16
DFIC	Lucie	Cuxhaven	5,8	2,05	50
DFID	Margretha	Geversdorf	128,4	45,32	75
DFIE	Marie	Cuxhaven	4,4	1,55	30
DFIF	Marie	Cuxhaven	6,8	2,40	28
DFIG	Marion	Cuxhaven	13,8	4,87	40
DFIH	Memelland	Cuxhaven	4,4	1,55	24
DFII	Meta	Cuxhaven	4,2	1,48	16
DFIJ	Minna	Cuxhaven	4,1	1,46	25
DFIK	Minna	Cuxhaven	4,2	1,48	12
DFILL	Möve II	Dorum	3,0	1,11	35
DFIM	Möve	Otterndorf	4,9	1,73	25
DFIN	Nautilus	Dorum	4,9	1,73	25
DFIO	Nige Oge	Cuxhaven	20,8	7,35	80
DFIP	Nordcap	Otterndorf	10,2	3,60	75
DFIQ	Nordlicht	Cuxhaven	19,6	6,92	100
DFIR	Nordriff	Cuxhaven	12,6	4,45	75
DFIS	Nordstern	Otterndorf	9,7	3,42	40
DFIT	Oesterreich	Cuxhaven	280,9	99,15	400
DFIU	Ole Larsen	Cuxhaven	9,8	3,44	40
DFIV	Olendiek	Dorum	6,5	2,29	20
DFIX	Paul	Cuxhaven	11,2	3,95	45
DFIY	Paula	Cuxhaven	10,3	3,65	75
DFIZ	Präsident Freiherr von Maltzahn	Cuxhaven	49,4	17,43	120
DFJA	Renate	Cuxhaven	5,1	1,80	36
DFJB	Roland	Dorum	14,1	4,98	50
DFJC	Rügen	Cuxhaven	18,9	6,67	100
DFJD	Sathurn	Hamburg	261,0	92,13	160
DFJF	Schwalbe	Cuxhaven	5,0	1,80	16/18
DFJG	Schwalbe I	Dorum	5,7	2,01	40
DFJH	Seeadler	Otterndorf	7,4	2,60	30
DFJI	Seehund	Cuxhaven	4,4	1,55	24
DFJJ	Seehund	Dorum	4,0	1,41	20
DFJK	Seemöve	Cuxhaven	5,2	1,84	18
DFJL	Seemöve	Cuxhaven	18,1	6,37	70
DFJM	Seerose	Dorum	4,1	1,45	18
DFJN	Seeschwalbe	Cuxhaven	8,9	3,14	40
DFJO	Seestern	Cuxhaven	16,9	5,96	75
DFJS	Senator Predöhl	Cuxhaven	265.0	94,00	400

DFJT — DFLS

Unterscheidungssignale	Namen der Schiffe	Heimathafen der Schiffe	Kubikmeter (Nettoraumgehalt)	Registertons (Nettoraumgehalt)	PS
DFJT	Senator Westphal	Cuxhaven	239,0	84,00	400
DFJU	Siegrid	Neuhaus/Oste	8,1	2,86	12
DFJV	Sigrid	Cuxhaven	8,2	2,89	30
DFJW	Sonny Boy	Cuchaven	3,1	1,09	25
DFJX	Sophia	Cuxhaven	5,4	1,90	25
DFJY	Sophie	Otterndorf	6,0	2,12	25
DFKA	St. Pauli	Cuxhaven	234,0	83,00	400
DFKB	Sybille	Cuxhaven	5,5	1,94	60
DFKC	Taube	Cuxhaven	8,8	3,11	28
DFKD	Taucher Otto Wulf	Cuxhaven	89,1	31,44	160
DFKE	Taucher Sievers	Cuxhaven	63,6	22,49	150
DFKG	Traute	Neuhaus/Oste	79,6	28,09	22
DFKH	Ursula	Cuxhaven	4,0	1,43	25
DFKI	Ursula	Cuxhaven	4,2	1,48	25
DFKJ	Vaterland	Dorum	3,4	1,20	36
DFKK	Victoria	Dorum	3,8	1,43	10
DFKL	Walter	Cuxhaven	3,1	1,10	20
DFKM	Wandrahm	Cuxhaven	282,0	92,00	400
DFKN	Welle	Cuxhaven	4,6	1,63	16
DFKO	Werner	Cuxhaven	7,4	2,62	50
DFKP	Wilhelmina	Cuxhaven	26,7	8,50	20
DFKQ	Willkomm	Cuxhaven	11,5	4,06	30
DFKR	Zukunft	Dorum	19,9	5,80	18
DFKS	Schlesien	Cuxhaven	656,1	231,61	750
DFKT	Kehre-Wieder	Cuxhaven	3,6	1,27	50
DFKU	Sachsen	Cuxhaven	656,1	231,62	750
DFKV	Koblenz	Cuxhaven	645,5	227,87	750
DFKW	Taucher Otto Wulf IV	Cuxhaven	31,5	11,11	100
DFKX	Hochsee I	Cuxhaven	136,7*	48,25*	225
DFKY	Liesel Denker	Cuxhaven	8,9	3,15	40
DFKZ	Seeteufel	Cuxhaven	550,0	194,24	300
DFLA	Franken	Cuxhaven	608,4	214,78	850
DFLB	Hornsriff	Bremerhaven	60,1	21,09	100
DFLC	Dithmarschen	Cuxhaven	60,1	21,09	120
DFLD	Jürgen-Dieter	Cuxhaven	61,7	21,77	120
DFLE	Anita	Cuxhaven	59,0	21,08	120
DFLF	Bayern	Cuxhaven	608,4	214,78	850
DFLG	Alte Liebe	Cuxhaven	59,9	21,30	120
DFLH	Gretchen	Otterndorf	75,6	26,68	
DFLI	Butendiek	Cuxhaven	60,1	21,09	100
DFLJ	Witten	Cuxhaven	640,1	225,95	750
DFLK	Münster	Cuxhaven	528,7	186,62	750
DFLL	Schwaben	Cuxhaven	602,3	212,63	850
DFLM	Albinus	Cuxhaven	59,9	21,02	120
DFLN	Karlsruhe	Cuxhaven	640,1	225,95	750
DFLO	Freiburg i. Br.	Cuxhaven	509,6	178,88	700
DFLP	Waltraut	Cuxhaven	63,3	22,21	120
DFLQ	Fladengrund	Cuxhaven	60,5	21,23	120
DFLS	Ronald	Cuxhaven	405,0	142,96	—

* = Bruttoraumgehalt.

DFUH — DFWE

Unterscheidungssignale	Namen der Schiffe	Heimathafen der Schiffe	Kubikmeter Nettoraumgehalt	Registertons Nettoraumgehalt	PS
DFUH	Adda	Abbenfleth	277,9	98,11	160
DFUI	Adele	Wischhafen	130,1	45,91	50
DFUJ	Adele	Wischhafen	108,8	38,40	60
DFUK	Adele	Bützfleth	94,5	33,36	36
DFUL	Agnes	Krautsand	136,2	48,20	60
DFUM	Alma	Bützfleth	126,6	44,69	75
DFUN	Alwine	Assel	108,0	38,11	70
DFUO	Amalie	Krautsand	121,0	42,73	50
DFUP	Amalie	Abbenfleth	121,9	43,02	80
DFUQ	Amanda	Ritsch/Kehdingen	128,0	45,19	80
DFUR	Amanda	Grünendeich	119,1	42,04	36
DFUT	Anna	Wischhafen	123,4	43,56	48
DFUU	Anna	Krautsand	110,8	39,12	60
DFUV	Anna	Assel	140,3	49,51	50
DFUW	Anna Dieckmann	Emden	113,6	40,09	25
DFUX	Anna-Maria	Dornbusch	113,0	39,88	100
DFUY	Anne	Krautsand	123,8	43,72	75
DFUZ	Anni	Wischhafen	150,0	52,93	75
DFVA	Anni Louise	Wischhafen	117,2	41,38	75/90
DFVB	Anny Umland	Ritsch/Kehdingen	93,3	32,95	36
DFVC	Bertha	Grünendeich	121,8	42,99	60
DFVD	Betty	Krautsand	120,8	42,64	60
DFVE	Catharina	Abbenfleth	102,3	36,13	120
DFVF	Comet	Krautsand	117,6	41,52	75
DFVG	Contentia	Bützfleth	106,0	37,43	35
DFVH	Cremon	Dornbusch	116,9	41,28	50
DFVI	Daheim	Krautsand	149,2	52,65	50
DFVK	Dora	Dornbusch	83,2	29,36	18
DFVL	Edelweiß	Krautsand	118,8	41,94	75
DFVM	Elisabeth	Wischhafen	112,5	39,71	65
DFVN	Elise	Abbenfleth	96,5	34,07	25
DFVO	Ella	Bützfleth	109,9	38,80	70
DFVP	Else Marie	Dornbusch	101,4	35,78	35
DFVQ	Emma	Krautsand	4,2	1,48	25
DFVR	Erato	Stade	130,2	45,97	45
DFVS	Frieda	Dornbusch	91,1	32,15	50
DFVT	Frieda Elisabeth	Wischhafen	126,8	44,75	75
DFVU	Fritz-Alfred II	Krautsand	375,6	132,59	150
DFVW	Grete	Krautsand	130,5	46,08	70
DFVX	Günter	Wischhafen	119,2	42,08	50
DFVY	Gunda von Stade	Stade	5,9	2,10	36
DFVZ	Hans	Krautsand	167,8	59,22	75
DFWA	Walter	Lübeck	91,0	32,12	50
DFWB	Heini	Hamburg	149,2	52,66	75
DFWC	Heinrich	Dornbusch	109,4	38,60	75
DFWD	Helios	Stade	112,9	39,84	50
DFWE	Hoffnung	Königreich	147,7	52,15	90

DFWF — DFYB

Unter-scheidungs-signale	Namen der Schiffe	Heimathafen	Kubik-meter (Nettoraumgehalt)	Register-tons (Nettoraumgehalt)	PS
DFWF	Hoffnung	Stade	143,6	50,68	60
DFWG	Hoffnung	Wischhafen	124,6	43,97	36
DFWH	Ida	Krautsand	116,1	40,97	50
DFWI	Irma	Gauensieck	110,5	39,02	50
DFWJ	Johanna	Gauensieck	116,6	41,16	75
DFWK	Johanne	Neuland/Kehdingen	122,0	43,05	50/60
DFWL	Johanne	Bützfleth	119,5	42,19	50
DFWM	Johanne	Mühlenhafen	91,6	32,35	45/55
DFWN	Johannes Emil	Krautsand	108,3	38,22	70
DFWO	John Friedrich	Krautsand	153,3	54,11	80
DFWP	Jupiter	Freiburg/Elbe	5,6	1,96	75
DFWQ	Käte	Hamburg	332,9	117,53	100
DFWR	Käthe	Bremervörde	169,5	59,83	75
DFWS	Karin	Wischhafen	4,0	1,41	18
DFWT	Katharina	Mühlenhafen	111,4	39,31	76
DFWU	Kehrwieder	Wischhafen	119,8	42,28	75
DFWV	Lisa	Gauensieck	89,4	31,55	75
DFWW	Magda	Krautsand	141,6	49,98	100
DFWX	Margaretha	Stade	110,9	39,14	50
DFWY	Margaretha	Gauensieck	125,8	44,42	75
DFWZ	Margaretha	Krautsand	114,6	40,45	75/95
DFXA	Margrid	Krautsand	252,4	89,09	145
DFXB	Maria	Abbenfleth	90,7	32,03	35
DFXC	Maria Dorothea	Assel	77,4	27,32	25
DFXD	Marie	Bützfleth	69,4	24,49	120
DFXE	Marie	Ritsch/Kehdingen	100,4	35,45	75
DFXF	Martha	Hamburg	147,5	52,05	75
DFXG	Mary	Königreich	112,8	39,83	25
DFXH	Mathilde	Wischhafen	130,4	46,04	50
DFXI	Merkur	Freiburg/Elbe	106,0	37,41	50
DFXJ	Meta Adele	Gauensieck	119,7	42,27	75
DFXK	Norderelbe	Krautsand	123,0	43,43	60
DFXL	Paul Gährs	Estebrügge	399,6	141,06	150
DFXM	Persia	Dornbusch	111,8	39,46	75
DFXN	Peter	Krautsand	130,7	46,15	45
DFXO	Peter	Ritsch/Kehdingen	87,5	30,89	55
DFXP	Pionier	Krautsand	113,2	39,95	60
DFXQ	Rebecka	Barnkrug	91,9	32,45	50
DFXR	Ruhr	Bützfleth	191,8	67,72	110
DFXS	Seeadler	Wischhafen	132,0	46,60	80
DFXT	Sirius	Wischhafen	8,3	2,94	35
DFXU	Sophie	Barnkrug	118,8	41,95	36
DFXV	Süderelbe	Dornbusch	164,3	57,99	75
DFXW	Swanhild	Cuxhaven	5,4	1,93	16
DFXX	Telse-Inge	Krautsand	128,3	45,27	75
DFXY	Uta	Stade	198,8	70,19	75
DFXZ	Venus	Wisch/Jork	134,5	47,47	50
DFYA	Venus	Gauensieck	111,1	39,20	70
DFYB	Vineta	Barnkrug	116,5	41,14	60

DFYC — DGAX

Unterscheidungssignale	Namen der Schiffe	Heimathafen der Schiffe	Kubikmeter Nettoraumgehalt	Registertons Nettoraumgehalt	PS
DFYC	Walter	Estebrügge	113,6	40,10	80
DFYD	Windhuk	Assel	100,7	35,54	70
DFYE	Windsbraut	Borstel/Jork	161,8	57,11	100
DFYF	Windsbraut	Wischhafen	107,0	37,76	75
DFYG	Windsbraut	Laboe	100,5	35,51	50
DFYH	Anna	Lühe	115,1	40,61	80
DFYI	Lisa	Krautsand	45,9	16,21	15
DFYJ	Adele	Neuland/Kehdingen	100,0	35,30	70
DFYK	Trinchen	Barnkrug	115,2	40,67	25
DFYL	Johanna	Wischhafen	65,9	23,26	50
DFYM	Frankfurt	Stade	189,9	67,03	
DFYN	Uranus	Abbenfleth	130,0	46,02	60
DFYO	Johanna	Freiburg/Elbe	86,5	30,55	80
DFYP	Dora	Assel	72,3	25,52	—
DFYQ	Frieda	Bützfleth	108,4	38,27	25
DFYR	Sirene	Freiburg/Elbe	81,5	28,77	25/28
DFYS	Bertha	Abbenfleth	170,7	60,26	80
DFYT	Cäcilie	Freiburg/Elbe	79,8	28,17	25
DFYU	Marie	Gauensieck	85,5	30,16	25
DFYV	Johanne	Grünendeich	143,2	50,55	75
DFYW	Johannes	Estebrügge	222,1	78,39	100
DFYX	Frieda	Gräpel	76,4	29,96	30
DFYY	Anni	Gräpel	72,7	25,56	30
DFYZ	Friedrich	Hechthausen	86,2	30,43	25
DFZA	Betty	Gräpel	94,1	33,23	30
DFZB	Frieda	Barnkrug	65,4	23,07	75
DFZC	Sophie	Wischhafen	124,6	43,98	18
DFZD	Jürgen	Stade	405,0	142,96	250
DGAB	Aar	Hamburg	323,0	114,01	150
DGAC	Achim Griese	Kiel	402,0	142,08	150
DGAD	Activ	Hamburg	52,2	18,43	163
DGAE	Adalbert	Hamburg	282,9	99,87	165
DGAF	Adele	Hamburg	257,3	90,81	150
DGAG	Magdalene	Rendsburg	150,0	52,94	100
DGAH	Adele	Hamburg	188,0	66,36	75
DGAI	Adelheid	Hamburg	142,8	50,42	80
DGAJ	Adelheid	Hamburg	111,0	39,20	75
DGAK	Adelheit	Hamburg	113,3	40,01	120
DGAL	Adler	Hamburg	182,4	64,40	75
DGAM	Adler	Hamburg-Finkenwdr.	60,2	21,24	130
DGAN	Adler	Hamburg-Altenwdr.	7,3	2,58	60
DGAO	Adolf	Hamburg	372,8	131,60	120
DGAP	Agnes	Hamburg	106,4	37,56	70
DGAR	A. H. Both	Hamburg	757,1	267,26	200
DGAS	Albatross	Hamburg-Finkenwdr.	41,7	14,72	100
DGAT	Albert	Hamburg	110,0	38,84	50
DGAV	Eversand	Bremen	175,1*	61,81*	650
DGAW	Albert Gido	Hamburg	127,2	44,90	50
DGAX	Alida	Hamburg	160,4	56,64	75

* = Bruttoraumgehalt.

DGAY — DGCW

Unter-scheidungs-signale	Namen der Schiffe	Heimathafen	Kubikmeter (Nettoraumgehalt)	Registertons (Nettoraumgehalt)	PS
DGAY	Hans Bornhofen	Hamburg	839,2	296,29	250
DGAZ	Alita III	Hamburg	191,3	67,53	120
DGBA	Alita IV	Hamburg	89,8	31,70	30
DGBB	Allegro	Hamburg	215,5	76,07	110
DGBC	Alma	Hamburg	208,8	73,71	165
DGBD	Alma	Hamburg	122,3	43,17	70
DGBE	Alma	Hamburg	140,9	49,75	75
DGBF	Alma	Hamburg	118,1	41,69	75
DGBG	Alster	Hamburg	103,6	36,56	50
DGBI	Alteland	Hamburg	120,9	42,68	72
DGBJ	Altona	Hamburg	5,1	1,81	15
DGBK	Alwine	Hamburg	194,3	68,59	75
DGBL	A. M. 1	Hamburg	137,8	48,64	100
DGBM	A. M. 2	Hamburg	78,2	27,62	55
DGBO	Amalie	Laboe	121,7	42,97	75
DGBP	Amandus	Hamburg	142,9	50,46	75
DGBQ	Amazone	Hamburg	169,4	59,79	90
DGBR	Amazone	Hamburg	324,7	114,63	145
DGBS	Amor	Hamburg-Finkenwdr.	38,9	13,74	120
DGBT	Andome	Hamburg	124,1	43,82	75
DGBU	Anita	Hamburg	281,8	85,35	135
DGBV	Anke	Hamburg	60,7	21,41	130
DGBW	Anna	Hamburg	174,0	61,44	130
DGBX	Anna	Hamburg	140,7	49,68	75
DGBY	Anna	Hamburg	124,0	43,75	50
DGBZ	Anna	Hamburg	109,2	38,55	60
DGCA	Anna	Hamburg	98,7	34,85	50
DGCB	Anna	Hamburg	102,2	36,09	36
DGCC	Anna	Hamburg-Finkenwdr.	49,7	17,54	120
DGCD	Anna	Hamburg-Finkenwdr.	6,2	2,19	25
DGCE	Anna	Hamburg-Finkenwdr.	26,6	9,40	50
DGCF	Anna Cordes	Hamburg	152,5	53,82	100
DGCG	Anna-Frieda	Hamburg	135,1	47,68	50
DGCH	Anna-Helene	Hamburg	250,7	88,49	90
DGCI	Anna-Magdalena	Hamburg	128,6	45,39	50
DGCJ	Anna-Maria	Hamburg	141,4	49,91	50
DGCK	Anna-Maria	Hamburg	276,3	97,55	110
DGCL	Anne Marta	Hamburg	383,5	135,38	150
DGCM	Anna Thekla	Hamburg	169,6	59,88	84
DGCN	Anna Woldmann	Hamburg-Finkenwdr.	70,9	25,04	200
DGCO	Annchen Peters	Hamburg	971,3	342,87	350
DGCP	Anne-Elfriede	Hamburg	136,1	48,05	100
DGCQ	Anne Helene	Hamburg	145,5	51,38	95
DGCR	Anne-Lene	Leer	102,9	36,33	75
DGCS	Annemarie	Hamburg	295,0	104,14	150
DGCT	Anni	Hamburg	139,1	49,10	90
DGCU	Anni	Hamburg	127,3	45,00	75
DGCV	Anni Lina	Hamburg	269,2	95,04	144
DGCW	Antares	Hamburg	607,1	214,30	100

DGCX — DGEX

Unterscheidungssignale	Namen der Schiffe	Heimathafen der Schiffe	Kubikmeter (Nettoraumgehalt)	Registertons (Nettoraumgehalt)	PS
DGCX	Antje	Hamburg	373,5	131,83	150
DGCY	Antje Mahler	Hamburg	224,3	79,19	120
DGCZ	Antje Oltmann	Hamburg	331,1	116,88	150
DGDA	Aquarius	Emden	146,6	51,74	125
DGDB	Argonaut	Hamburg	236,5	83,50	80
DGDC	Arnolde	Hamburg	421,3	148,74	165
DGDD	Astarte	Hamburg	314,6	111,05	100
DGDE	Astrid	Hamburg	95,9	33,84	150
DGDF	Atlantik	Hamburg	413,1	145,82	150
DGDG	Audieck	Hamburg-Finkenwdr.	60,9	21,51	130
DGDH	Auguste	Hamburg	136,4	48,17	120
DGDI	Auguste	Hamburg	4,3	1,53	525
DGDJ	Aurora	Hamburg	117,5	41,49	100
DGDK	Ausdauer	Hamburg	4905,1	1731,50	2×180
DGDL	Aventura	Hamburg	275,4	97,22	150
DGDM	Baldur	Hamburg	111,4	39,31	60
DGDO	Barnkrug	Hamburg	159,5	56,32	110
DGDQ	Baumwall	Hamburg	10,2	3,59	525
DGDR	B. D. 494	Hamburg	1253,3	442,41	—
DGDS	Berger II	Bremerhaven	869,4	306,88	—
DGDT	Berger V	Bremerhaven	915,3	232,12	—
DGDU	Berger VII	Hamburg	907,9	320,49	—
DGDV	Berta Louise	Hamburg	134,8	47,59	70
DGDW	Bertha	Hamburg	185,9	65,61	110
DGDX	Bertha	Hamburg	125,8	44,41	50
DGDY	Berta Hermine	Hamburg-Finkenwdr.	21,5	7,59	85
DGDZ	Bertha-Johanna	Hamburg	205,6	72,59	110
DGEA	Berta Köhlmann	Hamburg	392,7	138,62	95
DGEB	Bertha Troles	Hamburg	226,4	79,93	115
DGEC	Betty	Hamburg	96,0	33,87	50
DGED	Langeoog III	Langeoog	129,8	45,81	200
DGEE	Brake	Hamburg	953,1	336,44	230
DGEG	Brigitta	Hamburg-Finkenwdr.	35,6	12,57	100
DGEH	Brix Hansen	Hamburg-Finkenwdr.	53,6	18,91	90
DGEJ	Bürgermeister Ross	Hamburg	733,7	259,01	1000
DGEK	Burkhard	Hamburg	523,3	184,72	260
DGEL	Bussard	Hamburg-Finkenwdr.	61,9	21,86	130
DGEM	Bussard	Hamburg	66,2	23,35	120
DGEN	Bützfleth	Hamburg	224,7	79,34	100
DGEO	B. & V. Kranich	Hamburg	526,2	185,75	—
DGEP	Canopus	Hamburg	424,2	149,76	250
DGEQ	Capella	Hamburg	189,7	66,95	85
DGER	Carl Rehder	Hamburg	754,2	266,23	400
DGES	Carlshütte	Hamburg	261,7	92,37	100
DGET	Catharina	Hamburg-Altenwdr.	7,8	2,75	60
DGEU	Catharina	Hamburg-Finkenwdr.	10,0	3,53	40
DGEV	Catharina	Hamburg-Altenwdr.	10,1	3,55	60
DGEW	Cato	Hamburg	176,1*	62,15*	250
DGEX	C. A. Woldmann	Hamburg-Finkenwdr.	50,1	17,69	120

* = Bruttoraumgehalt.

DGEY — DGGY

Unter-scheidungs-signale	Namen der Schiffe	Heimathafen	Kubikmeter Nettoraumgehalt	Registertons Nettoraumgehalt	PS
DGEY	Charlotte	Hamburg	161,5	57,02	70
DGEZ	Charlotte	Hamburg	525,9	185,64	220
DGFA	CharlotteGrappendorf	Hamburg	231,9	81,87	120
DGFC	C. H. Kreft	Hamburg-Finkenwdr.	61,9	21,85	130
DGFD	Christa	Hamburg	393,0	138,73	200
DGFE	Christa Juls	Hamburg	188,5	66,53	100
DGFF	Christel	Hamburg	213,5	75,35	120
DGFG	Christine	Hamburg-Altenwdr.	9,2	3,26	70
DGFH	Clara	Hamburg	119,4	42,16	75
DGFI	Claus	Hamburg	263,6	93,05	150
DGFJ	Claus	Hamburg	183,2	64,67	90
DGFK	Claus	Hamburg	57,1	20,16	18
DGFL	Claus Bischoff	Hamburg	650,2	229,50	300
DGFM	Claus Erich	Hamburg	168,8	59,59	100
DGFN	Claus Johannes	Hamburg	122,1	43,09	36
DGFO	Condor	Hamburg	233,2	82,33	100
DGFP	Condor	Hamburg	88,0	31,06	30
DGFQ	Condor	Hamburg	2,0	0,72	120
DGFR	Cornelia	Hamburg	3918,7	1383,31	—
DGFT	Courier	Hamburg	114,8	40,51	80/100
DGFU	Frieda Jonas	Hamburg	355,4	125,46	200
DGFV	Delphin II	Hamburg	106,0	37,41	55
DGFW	Delphin III	Hamburg	242,2	85,50	150
DGFX	Delphin IV	Hamburg	321,5	113,51	200
DGFZ	Derfflinger	Hamburg	272,6	96,23	150
DGGA	Deutschland	Hamburg	414,3	146,24	200
DGGB	Diamant	Hamburg-Finkenwdr.	32,7	11,55	85
DGGC	Diana	Hamburg	111,5	39,34	120
DGGD	Dide	Hamburg	175,2	61,85	100
DGGE	Die Liebe	Kiel	141,5	49,94	75
DGGF	Dora	Hamburg	232,0	81,90	90
DGGG	Dora	Hamburg	239,2	84,43	150
DGGH	Dora	Hamburg	138,3	48,81	70
DGGI	Dora Ahrens	Hamburg	1497,6	528,65	450
DGGJ	Dorotea	Hamburg	179,1	63,23	90/100
DGGK	Dorothea	Hamburg	149,0	52,61	75
DGGL	Dorothea	Hamburg	147,0	51,88	100
DGGM	Drochtersen	Hamburg-Finkenwdr.	139,1	49,12	120
DGGN	Düsseldorf	Hamburg-Finkenwdr.	27,6	9,73	85
DGGO	Ebba	Hamburg	118,5	41,84	65
DGGP	Eben Ezer	Hamburg-Finkenwdr.	31,2	11,02	85
DGGQ	Edith	Hamburg	197,6	69,74	90
DGGR	Egerland	Hamburg	271,0	95,67	180
DGGS	Eginhard	Hamburg	506,7	178,86	2×130
DGGT	E. Kummer	Kiel	73,3	25,83	200
DGGU	Elbe	Hamburg	283,2	99,98	200
DGGV	Elbe	Hamburg	137,8	48,65	75
DGGX	Elbe	Hamburg	99,8	35,22	25
DGGY	Elbe	Hamburg	697,0	246,05	—

DGGZ — DGJA

Unterscheidungssignale	Namen der Schiffe	Heimathafen	Kubikmeter Nettoraumgehalt	Registertons Nettoraumgehalt	PS
DGGZ	Tankleichter Elbe	Hamburg	2199,9	776,55	—
DGHA	Elenore	Hamburg	215,9	76,22	90
DGHB	Eleonore	Hamburg	243,4	85,91	180
DGHC	Elisabeth	Hamburg	1391,2	491,11	550
DGHD	Elisabeth	Hamburg	1026,7	362,41	450
DGHF	Elisabeth	Hamburg-Altenwdr.	7,0	2,47	50
DGHG	Elise	Hamburg	103,6	36,58	50
DGHH	Ella	Hamburg	136,5	48,20	75
DGHI	Ellen	Hamburg	759,9	268,23	420
DGHJ	Ellen	Hamburg	388,0	136,95	200
DGHK	Elsa	Hamburg	147,2	51,95	70
DGHL	Elster	Hamburg	228,2	80,54	150
DGHM	Emanuel	Hamburg	281,7	99,45	90
DGHN	Emanuel	Hamburg	131,7	46,49	70
DGHO	Emden	Hamburg	1093,4	385,98	400
DGHP	Emil	Hamburg	4,4	1,55	525
DGHQ	Emma	Hamburg	140,1	49,44	70
DGHR	Emma	Hamburg	103,7	36,60	50
DGHS	Emma	Hamburg	223,3	78,82	150
DGHT	Emma	Hamburg	166,4	58,76	120
DGHU	Emma	Hamburg	128,3	45,28	50
DGHV	Emma	Hamburg-Altenwdr.	9,0	3,09	50
DGHW	Emma	Hamburg-Altenwdr.	22,3	7,87	60
DGHX	Emma	Hamburg	219,0	77,31	85
DGHY	Emma Diercks	Hamburg	127,2	44,91	75
DGHZ	Emma Irene	Hamburg	146,3	51,65	125
DGIA	Emma Louise	Hamburg	119,5	42,19	100
DGIB	Emma Lucie	Hamburg	127,6	45,05	75
DGIC	Emma Oltmann	Hamburg	158,2	55,84	80
DGID	Energie	Hamburg	4905,1	1731,50	800
DGIE	Enz	Hamburg	415,1	146,54	200
DGIF	Erich	Hamburg	122,4	43,22	60
DGIH	Erich	Hamburg	163,3	57,65	110
DGII	Erika	Hamburg	114,7	40,50	85
DGIJ	Erna	Hamburg	126,6	44,68	50
DGIK	Erna	Hamburg	92,8	32,74	50
DGIL	Erna Elisabeth	Hamburg	122,2	43,05	35
DGIM	Erna Marie	Hamburg	119,1	42,06	75
DGIN	Erna Meyer	Hamburg	280,7	99,09	100
DGIO	Erni	Hamburg	263,7	93,10	90
DGIP	Ernst	Hamburg	129,5	45,73	90
DGIS	Ernst August	Hamburg	130,5	46,07	100
DGIT	Erwin	Hamburg	148,3	52,36	50
DGIU	Erwin	Hamburg	225,1	79,45	100
DGIV	Esriel	Hamburg	106,4	37,54	50
DGIW	Esso 60	Hamburg	382,4	134,98	—
DGIX	Estetal	Hamburg	163,4	57,67	120
DGIZ	Euroland	Hamburg	1299,5	458,73	525
DGJA	Ewald Ehlert	Hamburg	230,2	81,07	165

DGJB — DGKX

Unter-scheidungs-signale	Namen der Schiffe	Heimathafen der Schiffe	Kubikmeter Nettoraumgehalt	Registertons Nettoraumgehalt	PS
DGJB	Richard	Hamburg	181,1*	66,71*	329
DGJC	Fairplay II	Hamburg	193,5*	68,31*	358
DGJD	Ingrid	Hamburg	192,2*	67,84*	325
DGJE	Fairplay IV	Hamburg	193,4*	68,29*	361
DGJF	Fairplay VI	Hamburg	193,2*	68,20*	353
DGJG	Fairplay VIII	Hamburg	254,8*	89,95*	379
DGJH	Fairplay IX	Hamburg	209,6*	73,98*	349
DGJI	Fairplay X	Hamburg	140,8	49,70	650
DGJJ	Fairplay XI	Hamburg	210,9*	74,44*	347
DGJK	Fairplay XII	Hamburg	230,9*	81,85*	312
DGJL	Fairplay XIII	Hamburg	146,9*	58,22*	300
DGJM	Fairplay XVI	Hamburg	165,8*	58,53*	410
DGJN	Fritz	Hamburg	285,8*	100,90*	329
DGJO	Falke	Hamburg	293,4	103,58	200
DGJP	Falke	Hamburg	198,2	69,97	100
DGJQ	Falkenstein	Hamburg	280,7	99,08	150
DGJR	Fanto XVIII	Hamburg	235,8	83,24	125
DGJS	Fiducia	Hamburg	144,7	51,07	50
DGJT	Finkwarder	Hamburg	406,4	143,45	180/215
DGJU	Fischland	Hamburg	250,5	88,17	120
DGJV	Marie Allwardt	Hamburg	394,8	139,40	216
DGJW	Flottweg	Hamburg	147,2	51,97	80
DGJX	F. M. Harmstorf	Hamburg	171,8	60,65	—
DGJY	Fortuna	Hamburg	135,4	47,79	75
DGJZ	Fortuna	Brunsbüttelkoog	148,3	52,33	100
DGKA	Fortuna	Hamburg	281,6	99,42	150
DGKB	Fortuna	Hamburg	314,4	110,97	200
DGKC	Fortuna	Hamburg	102,9	36,33	55
DGKD	Fortuna	Hamburg	136,6	48,21	90
DGKE	Franz Holm	Hamburg	273,8	96,67	165
DGKF	Franziska	Hamburg	180,1	63,56	125
DGKG	Franziska	Hamburg	20,8	77,95	120
DGKH	Freia	Hamburg	147,3	52,00	50
DGKI	Freia	Hamburg-Finkenwdr.	22,1	7,80	120
DGKJ	Freia	Hamburg-Finkenwdr.	331,8	11,23	120
DGKK	Freiherr vom Stein	Hamburg	272,7	96,27	150
DGKL	Frida	Hamburg	91,2	32,19	25
DGKM	Fridmariwalt	Hamburg	139,1	49,10	120
DGKN	Frieda	Hamburg	224,6	79,30	115
DGKO	Frieda	Hamburg	167,5	59,14	110
DGKP	Frieda	Hamburg	141,6	49,98	70
DGKQ	Frieda	Hamburg	107,4	37,91	75
DGKR	Frieda	Hamburg	131,4	46,38	50
DGKS	Frieda	Hamburg	108,5	38,29	80
DGKT	Frieda	Rendsburg	582,3	205,54	250
DGKU	Frieda	Hamburg	4,5	1,60	—
DGKV	Frieda Mariechen	Hamburg	113,8	40,16	50
DGKW	Friedrich Campsen	Hamburg	161,9*	57,14*	240
DGKX	Friedrich Kahl	Hamburg	247,8	87,47	400

* = Bruttoraumgehalt.

DGKY — DGMW

Unterscheidungssignale	Namen	Heimathafen	Kubikmeter	Registertons	PS
	der Schiffe		Nettoraumgehalt		
DGKY	Friedrich Wilhelm...	Hamburg	184,8	65,25	100
DGKZ	Fritz Reuter........	Kiel..............	86,4	30,51	120
DGLA	Fritz Schindler	Hamburg	392,7	138,62	90
DGLB	Fritz Vollmers	Hamburg	304,4	107,46	150
DGLC	Gebrüder	Hamburg	22,2	7,85	75
DGLD	Gebrüder	Hamburg	13,8	4,88	50
DGLE	Geheimrat Koenigs..	Hamburg	298,8	105,48	150
DGLF	Gemeinschaft.......	Hamburg	264,7	93,44	—
DGLG	Gerda	Hamburg	121,4	42,84	40
DGLH	Gerda II...........	Hamburg	264,3	93,31	150
DGLI	Gerda-Luise	Hamburg	356,7	125,92	200
DGLJ	Gerda Waller.......	Hamburg	272,0	96,01	110
DGLK	Gerfried	Hamburg	456,3	161,06	150
DGLM	Gertha	Hamburg	169,8	59,94	90
DGLN	Gertrud............	Hamburg	498,8	176,06	329
DGLO	Gertrud............	Hamburg	299,6	105,77	150
DGLP	Gertrud............	Hamburg	149,5	52,76	90
DGLQ	Gertrud............	Cranz/Elbe	280,7	99,08	150
DGLR	Gertrud............	Hamburg	140,7	49,67	75
DGLS	Gertrud II	Hamburg	278,9	98,43	150
DGLT	Gertrud Ulle	Hamburg	45,6	16,09	260
DGLU	Gesche	Hamburg	93,5	33,00	50
DGLV	Gesine.............	Hamburg	128,5	45,37	50
DGLW	Gisela	Glückstadt	20,1	7,08	80
DGLX	Gloria	Hamburg	404,1	142,64	200
DGLY	Glückauf...........	Hamburg	63,2	22,31	130
DGLZ	Glückstern	Hamburg-Finkenwdr.	5,6	1,96	40
DGMA	Goden Wind........	Hamburg-Finkenwdr.	75,1	26,52	180
DGMB	Götaälv............	Hamburg	828,7	292,54	600
DGMC	Golm	Hamburg	788,2	278,20	450
DGMD	Gorch Fock	Hamburg	354,6	125,18	150
DGME	Gorch Fock	Hamburg-Finkenwdr.	72,6	25,82	180
DGMF	Gossi..............	Hamburg	118,0	41,67	50
DGMG	Grauerort	Hamburg	146,6	51,74	70
DGMH	Greif	Hamburg	297,4	104,73	450
DGMI	Greifswald	Hamburg	178,3	62,93	180
DGMJ	Greta..............	Hamburg	136,2	48,09	60
DGMK	Greta..............	Hamburg	278,7	98,37	150
DGML	Gretchen...........	Hamburg	142,1	50,17	120
DGMM	Gretchen...........	Hamburg	114,1	40,27	50
DGMN	Grete..............	Hamburg	198,2	69,96	70
DGMO	Grete..............	Hamburg	117,6	41,50	80
DGMP	Grete..............	Hamburg	108,9	38,43	50
DGMQ	Grete..............	Hamburg	129,3	45,65	60
DGMR	Grete..............	Hamburg-Finkenwdr.	6,0	2,11	50
DGMS	Gretl	Hamburg	253,5	89,48	100
DGMT	Griep..............	Hamburg	1905,6	672,67	—
DGMV	Gudrun	Hamburg	186,6	65,87	100/135
DGMW	Gudrun V..........	Hamburg	2,5	0,89	20

DGMX — DGOW

Unter-scheidungs-signale	Namen der Schiffe	Heimathafen	Kubik-meter (Nettoraumgehalt)	Register-tons (Nettoraumgehalt)	PS
DGMX	Gud Win	Hamburg	87,3	30,82	200
DGMY	Günther	Hamburg	247,7	87,44	105
DGNA	Gustav Adolf	Hamburg	121,9	43,03	130
DGNB	Halmstad	Hamburg	1297,5	458,01	700
DGNC	Hamburg	Hamburg	226,1	79,82	150
DGND	Hamburg	Hamburg	264,3	93,30	2×300
DGNE	Hanna	Hamburg	214,2	75,62	112
DGNF	Hanna	Hamburg	210,3	74,25	200
DGNG	Hannchen Allers	Hamburg	174,5	61,61	100
DGNH	Hannchen Camper	Hamburg-Finkenwdr.	85,4	30,15	150
DGNI	Hannover	Hamburg	214,5	75,73	120
DGNJ	Hans	Hamburg	136,7	48,26	75
DGNK	Hans	Hamburg	126,3	44,58	50
DGNL	Hans	Hamburg	138,7	48,96	70
DGNM	Hans	Hamburg	139,3	49,19	60
DGNN	Hans	Hamburg	352,7	124,50	175
DGNO	Hans Albert	Hamburg	120,1	42,40	60
DGNP	Hans-Carl	Hamburg	584,5	264,34	300
DGNQ	Hans Günther	Hamburg	135,0	47,65	100
DGNR	Hans Hinrich	Hamburg	145,6	51,39	120
DGNS	Hans Hinrich	Hamburg	135,0	47,65	100/120
DGNT	Hans Hoth	Hamburg	549,7	194,05	250
DGNU	Hans Jürgen	Hamburg	4,0	1,42	20
DGNV	Hans-Otto	Hamburg	1686,5	595,33	—
DGNW	Hans und Grete	Hamburg	121,4	42,87	75
DGNX	Hans Voss	Hamburg	202,4	71,46	100
DGNY	Hans Werner	Hamburg	210,5	74,31	100
DGNZ	Hanseat	Neuß/Rhein	188,1	66,41	150
DGOA	Hansine	Hamburg	172,0	60,73	165
DGOB	Harle	Hamburg	79,6	28,11	110
DGOC	Hartwig	Hamburg	208,5	73,60	120
DGOD	H. Fock	Hamburg	226,3	79,89	400
DGOE	Hebe	Hamburg	162,7	57,45	70
DGOF	Hedi	Hamburg	11,5	4,07	50
DGOG	Hedwig	Hamburg	277,3	97,89	120
DGOH	Heidberg	Hamburg	2279,6	804,70	1500
DGOI	Heimat	Hamburg	324,7	114,61	180
DGOJ	Heimat	Hamburg	200,5	70,76	120
DGOK	Heimatland	Hamburg	271,9	96,00	150
DGOL	Heimkehr	Hamburg	224,8	79,36	80
DGOM	Heimkehr	Hamburg	184,6	65,16	70
DGON	Heimwärts	Hamburg	187,5	66,17	105
DGOP	Hein Godenwind	Hamburg	163,6	57,76	45
DGOR	Heinrich	Cranz	99,0	34,95	50
DGOS	Heinrich Block	Hamburg	405,3	143,08	190
DGOT	Heinz	Hamburg	159,5*	56,45*	180
DGOU	Heinz Brey	Hamburg	189,6	66,95	100
DGOV	Heinz Helmut	Hamburg	168,8	59,59	75
DGOW	Heinz Schriewer	Hamburg	346,2	122,20	200

* = Bruttoraumgehalt.

DGOX — DGQU

Unterscheidungssignale	Namen der Schiffe	Heimathafen der Schiffe	Kubikmeter Nettoraumgehalt	Registertons Nettoraumgehalt	PS
DGOX	Helene	Hamburg	281,8	99,49	150
DGOY	Helene	Hamburg	122,7	43,31	75
DGOZ	Helene	Hamburg-Altenwdr.	11,5	4,06	60
DGPA	Helene	Hamburg-Altenwdr.	2,3	0,82	18
DGPB	Helene	Hamburg	1608,8	567,89	—
DGPC	Helga	Hamburg	297,8	105,11	90
DGPD	Helga	Hamburg-Finkenwdr.	60,9	21,48	150
DGPE	Helga	Hamburg	54,0	19,07	30
DGPF	Helga	Hamburg	162,5	57,37	70
DGPG	Helios	Hamburg	1851,6	653,62	—
DGPH	Hellmuth	Hamburg	228,2	80,56	75
DGPI	Helmuth	Hamburg	193,7	68,38	120
DGPJ	Helmut	Büsum	6,2	2,18	20
DGPK	Helmut	Hamburg	220,3	77,78	85
DGPL	Hendrika	Neufeld	5,0	1,75	15
DGPM	Henry Six	Hamburg-Altenwdr.	22,0	7,78	100
DGPN	Herbert	Hamburg	87,6	30,93	60
DGPO	Herbert	Hamburg	184,6	65,18	95
DGPP	Berndt	Hamburg	128,6	45,38	75
DGPQ	Herma	Hamburg	133,8	47,22	75
DGPR	Hermann	Hamburg	342,7	120,98	100
DGPS	Hermann	Hamburg	115,1	40,62	50
DGPT	Hermann	Hamburg	87,7	30,94	55
DGPU	Hermine	Hamburg	167,4	59,11	90
DGPV	Hernia	Hamburg	940,0	331,81	700
DGPW	Heros	Hamburg	133,4	47,09	35
DGPX	Herta	Neuenfelde	184,2	65,02	140
DGPY	Hertha	Hamburg	178,8	63,12	75
DGPZ	Hertha	Hamburg	82,9	29,25	120
DGQA	Hertha	Hamburg	94,5	33,34	50
DGQB	Hiev	Hamburg	1785,3	630,22	—
DGQC	Hilda	Hamburg-Finkenwdr.	72,5	25,59	120
DGQD	Hilda	Hamburg-Harburg	11,9	4,21	60
DGQE	Hilde Loop	Hamburg-Finkenwdr.	60,9	21,48	120
DGQF	Hilligenlei	Bremen	135,1	47,70	2×900
DGQG	Hinrich Kiehn	Hamburg	1065,1	376,00	—
DGQH	Hinrich Peters	Hamburg	1368,3	483,01	450
DGQI	Hinrich Wilhelm	Hamburg	297,2	104,91	150
DGQJ	Hoffnung	Hamburg	529,1	186,77	214
DGQK	Hoffnung	Hamburg	162,2	57,27	80
DGQL	Hoher Weg	Hamburg	270,7	95,00	150/165
DGQM	Holstein	Hamburg-Finkenwdr.	60,2	21,24	130
DGQN	Hugbert	Hamburg	511,8	180,66	260
DGQO	Hummel	Hamburg	282,3	99,65	400
DGQP	Husumer Koje	Hamburg	557,7	203,93	—
DGQQ	Ida	Hamburg	141,4	49,91	155
DGQS	Immanuel	Hamburg	205,4	72,49	100
DGQT	Inge	Rendsburg	260,5	91,95	150
DGQU	Ingeborg	Hamburg	274,5	96,89	120

DGQW — DGSU

Unterscheidungssignale	Namen der Schiffe	Heimathafen	Kubikmeter (Nettoraumgehalt)	Registertons (Nettoraumgehalt)	PS
DGQW	Ingeborg	Hamburg	173,2	61,14	90
DGQX	Ingeborg III	Hamburg	216,1	76,28	125
DGQY	Irene	Hamburg	360,9	127,40	240
DGQZ	Irene	Hamburg-Finkenwdr.	38,0	13,41	130
DGRA	Irene Kiehn	Hamburg	1412,6	498,65	—
DGRB	Irene Schöning	Hamburg	137,8	48,65	60
DGRC	Irma-Marie	Hamburg	224,0	79,07	100
DGRD	Irma Rolf	Hamburg	124,6	43,98	75
DGRE	Irmgard	Hamburg	165,6	58,45	90
DGRF	Irmgard	Hamburg	239,8	84,65	100
DGRG	Isar	Hamburg	125,1	44,15	75
DGRH	Jacobus	Hamburg	245,1	86,50	175
DGRJ	Jason	Cuxhaven	209,6*	73,99*	250
DGRK	J. C. Wriede	Hamburg-Finkenwdr.	54,7	19,31	120
DGRL	Jessica	Hamburg	1712,7	604,57	700
DGRM	Johann	Cranz/Elbe	105,0	37,07	50
DGRN	Johanna	Hamburg	135,8	47,94	120
DGRO	Johanna	Hamburg	124,9	44,10	50
DGRP	Johanna	Hamburg	138,0	48,72	50
DGRQ	Johanna	Hamburg	143,3	50,60	50
DGRR	Johanna	Hamburg-Finkenwdr.	30,4	10,73	90
DGRS	Johanna Höge	Hamburg	138,4	48,84	75
DGRT	Johanne	Hamburg	139,9	49,38	75
DGRU	Johanne	Hamburg	127,3	44,95	75
DGRV	Falke	Lübeck	64,4	22,72	25
DGRW	Johanne Becker	Hamburg	248,0	87,53	150
DGRX	Johannes	Hamburg	235,3	83,05	75
DGRY	Johannes	Hamburg	289,4	102,15	120
DGRZ	Johannes	Hamburg	139,5	49,25	90
DGSA	Johannes Matthies	Hamburg	291,7*	102,98*	400
DGSB	Johannes Westphal	Hamburg	346,6*	123,33*	—
DGSC	Johannes II	Hamburg	194,2	68,54	150
DGSD	John	Hamburg	177,1	62,52	85/100
DGSE	John Rehder	Hamburg	996,7	351,82	500
DGSF	Jonni Wilhelmine	Hamburg	137,3	48,47	110
DGSH	Juliane	Hamburg	136,3	48,12	75
DGSI	Jung Dietrich	Kiel	55,0	19,40	150
DGSJ	Junior	Hamburg	304,4*	107,44*	250
DGSK	Justizia	Hamburg	147,9	52,19	50
DGSL	Jutta	Hamburg	149,8	52,89	75
DGSM	Jutta	Hamburg	17,5	6,18	—
DGSN	Käte	Hamburg	168,4	59,45	50
DGSO	Käte	Hamburg	141,0	49,77	80
DGSP	Käte Hamm	Hamburg	403,1	142,30	200
DGSQ	Käte Oltmann	Hamburg	434,5	153,37	150
DGSR	Käthe	Hamburg	563,0	198,74	260
DGSS	Käthe	Hamburg	131,0	46,23	120
DGST	Käthe	Hamburg-Finkenwdr.	61,9	21,86	130
DGSU	Käthe	Hamburg-Altenwdr.	2,3	0,81	10

* = Bruttoraumgehalt.

DGSV — DGUR

Unterscheidungssignale	Namen der Schiffe	Heimathafen der Schiffe	Kubikmeter (Nettoraumgehalt)	Registertons (Nettoraumgehalt)	PS
DGSV	Käthe Block	Hamburg	135,0	47,65	75
DGSW	Käte Danckers	Hamburg	138,5	48,89	75
DGSX	Käthe Ritscher	Hamburg	279,5	98,66	200
DGSY	Kamerad	Hamburg	149,5	52,79	110
DGSZ	Kaptaube	Hamburg	137,0	48,37	75
DGTA	Karl	Hamburg	197,0	69,54	80
DGTB	Karl	Hamburg	112,4	39,66	75
DGTC	Karl Jochen	Hamburg-Finkenwdr.	0,1	0,05	25
DGTD	Karla	Burg/Fehmarn	130,7	46,14	100
DGTE	Kastor	Hamburg	78,2*	27,61*	230
DGTF	Katerine	Hamburg-Finkenwdr.	60,9	21,48	130
DGTG	Katharina	Hamburg	103,6	36,57	50
DGTH	Kattegat	Hamburg-Finkenwdr.	54,9	19,38	180
DGTI	Kehdingen	Hamburg	282,4	99,68	150
DGTJ	Kehdingen	Hamburg	240,3	84,82	150
DGTK	Kehrwieder II	Hamburg	348,4	122,98	220
DGTL	Uhlenhorst	Hamburg	1773,3	625,96	450
DGTM	Königsberg	Hamburg	280,1	98,88	145
DGTN	Kondor	Hamburg	186,5	65,85	90
DGTO	Kurt	Hamburg	423,9	149,65	180/200
DGTP	Kurt Both	Hamburg	357,7	126,27	165
DGTQ	Landkirchen	Hamburg	273,5	96,55	150
DGTR	Landrat Helferich	Hamburg-Altenwdr.	13,1	4,61	70
DGTS	Landrath Küster	Hamburg-Finkenwdr.	34,1	12,03	85
DGTT	Langenberg-Rhld.	Hamburg	249,0	88,80	380
DGTU	Leda	Hamburg	109,6	38,68	75
DGTV	Lene Reinhold	Hamburg	140,3	49,54	75
DGTW	Libau	Hamburg	934,0	329,71	375
DGTX	Libelle	Hamburg	165,2	58,32	120
DGTY	Liesbeth	Hamburg	137,9	48,66	70
DGTZ	Lilly	Hamburg	188,7	66,60	90
DGUA	Lily	Hamburg	274,6	96,95	150
DGUB	Line Hinsch	Hamburg	161,1	56,87	70
DGUC	Lisa	Hamburg	791,4	279,37	560
DGUD	Lisa	Hamburg	369,2	130,32	165
DGUE	Lisa	Hamburg	169,6	59,91	100
DGUF	Lisa	Hamburg-Finkenwdr.	66,7	23,54	150
DGUG	Lisa Oltmann	Hamburg	275,5	97,26	105
DGUH	Liselotte	Hamburg	155,1	58,27	100
DGUI	Lothar	Hamburg	1215,1	428,93	450
DGUJ	Louise Schupp	Hamburg	18,2	6,44	450
DGUK	Ursel	Hamburg	145,4	51,33	50
DGUL	Lühe	Hamburg	1276,7	450,67	750
DGUM	Luise	Hamburg	114,5	40,41	40
DGUN	Luise	Hamburg	125,7	44,38	50
DGUO	Luise Raabe	Flensburg	238,1	84,04	160
DGUP	Magdalena	Hamburg	123,9	43,73	70
DGUQ	Magdalene	Hamburg-Altenwdr.	8,0	2,84	50
DGUR	Magret-Inge	Hamburg	209,2	73,84	200

* = Bruttoraumgehalt.

DGUS — DGWP

Unterscheidungs-signale	Namen der Schiffe	Heimathafen der Schiffe	Kubikmeter Nettoraumgehalt	Registertons Nettoraumgehalt	PS
DGUS	Maja	Hamburg	243,1	85,83	100
DGUT	Marga	Hamburg	190,1	67,10	120
DGUU	Margaretha	Hamburg	185,0	65,30	75
DGUV	Magaretha	Hamburg	140,9	49,73	60
DGUW	Margaretha	Hamburg	164,8	58,18	80
DGUX	Margaretha	Hamburg-Altenwdr.	9,7	3,41	50
DGUY	Margaretha Nibbe	Cranz/Elbe	249,8	88,19	200
DGUZ	Margarethe	Hamburg	167,3	59,04	120
DGVB	Elli	Hamburg	142,5	50,31	70
DGVC	Margarethe	Hamburg-Altenwdr.	6,5	2,29	60
DGVD	Margaretha	Hamburg-Finkenwdr.	1,8	0,65	25
DGVE	Margit	Hamburg-Finkenwdr.	68,9	24,33	180
DGVF	Maria	Hamburg	105,1	37,09	75
DGVG	Maria	Hamburg	135,2	47,73	100
DGVH	Maria	Hamburg	115,5	40,76	50
DGVI	Maria	Hamburg-Altenwdr.	11,3	3,98	80
DGVJ	Maria	Hamburg-Altenwdr.	7,8	2,76	60
DGVK	Maria	Hamburg-Finkenwdr.	33,7	11,91	30
DGVL	Maria Elisabeth	Hamburg	218,7	77,21	100
DGVM	Marianne	Hamburg	565,0	199,43	260
DGVN	Marianne	Hamburg	102,9	36,34	50
DGVO	Marianne	Hamburg	111,4	39,31	80
DGVP	Marianne	Hamburg	135,2	47,74	75
DGVQ	Marieanne	Hamburg	129,2	45,63	36
DGVR	Marido	Hamburg	147,4	52,02	80
DGVS	Marie	Hamburg	149,1	52,62	75
DGVT	Marie	Hamburg	148,7	52,49	60
DGVU	Marie	Hamburg	139,7	49,31	112
DGVV	Marie	Hamburg	97,8	34,53	50
DGVW	Marie	Hamburg-Altenwdr.	8,6	3,04	50
DGVX	Marie	Hamburg-Altenwdr.	7,0	2,46	60
DGVY	Marie	Hamburg-Altenwdr.	3,0	1,04	15
DGVZ	Mariechen	Hamburg	141,2	49,86	75
DGWA	Mariechen	Hamburg	132,8	46,88	90
DGWB	Marie Hilck	Hamburg	167,3	59,07	120
DGWC	Marie-Luise	Lübeck	670,5	36,67	400
DGWD	Marie Schloo	Hamburg-Finkenwdr.	6,0	2,11	40
DGWE	Marie Steffens	Hamburg	147,2	51,96	95
DGWF	Marion	Hamburg	131,4	81,69	400
DGWG	Martha	Hamburg	208,3	73,54	100
DGWH	Martha	Hamburg	106,1	37,44	50
DGWI	Martha	Hamburg	117,9	41,64	45
DGWJ	Martha	Hamburg	108,9	38,43	80
DGWK	Vegesack	Bremen	42,9	15,15	375
DGWL	Martha	Hamburg-Finkenwdr.	31,7	11,20	120
DGWM	Martha Ahrens	Hamburg	342,0	120,71	200
DGWN	Martha Christine	Hamburg	223,5	78,89	120
DGWO	August Peters	Hamburg	1653,8	583,80	750
DGWP	Martha Wolther	Hamburg	210,0	74,12	150

DGWQ — DGYM

Unterscheidungs-signale	Namen der Schiffe	Heimathafen der Schiffe	Kubikmeter (Nettoraumgehalt)	Registertons (Nettoraumgehalt)	PS
DGWQ	Mary	Hamburg	118,9	41,98	100
DGWR	Matador	Hamburg	117,5	41,49	70
DGWS	Matador	Hamburg	145,7	51,44	75
DGWT	Matador II	Hamburg	145,8	51,48	70
DGWU	Mathilde	Hamburg	139,2	49,13	75
DGWV	Mathilde	Hamburg-Finkenwdr.	42,3	14,94	120
DGWW	Matthias	Hamburg	1589,9	561,22	
DGWX	Max	Hamburg	79,9	28,20	60
DGWY	Max	Hamburg	147,1	51,93	150
DGWZ	Melpomene	Hamburg	229,6	81,06	120
DGXA	Memelland	Hamburg	315,2	111,28	200
DGXB	Meridian	Hamburg	127,3	44,93	120
DGXC	Merkur	Hamburg	181,0	63,91	100
DGXD	Meta	Hamburg	131,3	46,34	70
DGXE	Meta	Hamburg	114,9	40,54	75
DGXF	Meta	Hamburg-Finkenwdr.	2,6	0,91	25
DGXG	Meta Buck	Hamburg	199,2	70,33	100
DGXH	Meta-Grete	Hamburg	133,6	47,15	100
DGXI	Meta Holst	Hamburg-Finkenwdr.	74,1	26,15	180
DGXJ	Meta Osterwisch	Hamburg	258,7	91,32	150
DGXK	Meta Schröder	Hamburg-Finkenwdr.	59,2	20,89	150
DGXL	Meteor	Hamburg	131,1	46,28	75
DGXM	Meteor	Hamburg-Finkenwdr.	10,5	3,77	35
DGXN	Methan	Hamburg	964,9	340,61	350
DGXO	Mimi	Hamburg	126,0	44,48	75
DGXP	Minna	Hamburg	137,6	48,57	60
DGXQ	Minna	Hamburg	2,8	0,97	30
DGXR	Minna Catharina	Hamburg	139,2	49,14	75
DGXS	Minna Marie	Hamburg	147,9	52,20	50
DGXT	Modaag	Kappeln/Schlei	153,5	54,20	75
DGXU	Möve	Hamburg-Altenwdr.	7,4	2,61	50
DGXV	Möwe	Hamburg	111,5	39,36	75
DGXW	Mollex III	Hamburg	18,3	6,46	14
DGXX	Monica	Lübeck	503,6	117,77	250
DGXY	Mühlenberg	Hamburg	321,3	113,43	400
DGXZ	Mulli	Hamburg	144,9	51,15	40
DGYA	Muschi	Hamburg-Finkenwdr.	29,1	10,27	90
DGYB	Najade	Lübeck	141,2	49,83	320
DGYC	Neckar	Hamburg	546,9	193,07	300
DGYD	Neptunes	Hamburg	174,4	61,54	50
DGYE	Nessdiek	Hamburg-Finkenwdr.	57,2	20,18	120
DGYF	Neuenfelde	Hamburg	281,6	99,42	200
DGYG	Niederelbe	Hamburg	262,2	92,71	150
DGYH	Niedersachsen	Hamburg	227,8	80,40	165
DGYI	Niobe	Hamburg	137,4	48,52	80
DGYJ	Niobe	Hamburg	123,5	43,61	75
DGYK	Nixe	Hamburg	149,2	52,66	75
DGYL	Nobiskrug	Hamburg	298,8	105,46	150
DGYM	Norden	Hamburg	316,4	111,70	180

DGYN — DHAQ

Unter-scheidungs-signale	Namen der Schiffe	Heimathafen	Kubikmeter Nettoraumgehalt	Registertons	PS
DGYN	Norderdiek	Hamburg-Finkenwerder	60,9	21,48	120
DGYO	Clara Blumenfeld ...	Hamburg	4365,1	1540,88	1150
DGYP	Nordmark	Hamburg	277,7	98,04	200
DGYQ	Nordstern	Hamburg-Finkenwdr.	60,9	21,48	125
DGYS	Nymphe	Hamburg-Finkenwdr.	38,6	13,63	100
DGYT	Tankleichter Oder ..	Hamburg	2580,4	910,9	
DGYU	Odermünde	Hamburg	787,2	277,88	400
DGYV	Olga	Hamburg	271,1	95,70	200
DGYW	Oliva	Hamburg	220,7	77,90	120
DGYX	Orion	Hamburg	315,8	111,47	200
DGYY	Oskar Friedrich	Hamburg	697,1	246,08	300
DGYZ	Oste	Hamburg	136,5	48,17	100
DGZA	Ostetal	Hamburg	225,6	79,65	180
DGZB	Ostmark	Hamburg	419,8	148,21	300
DGZC	Ostsee	Hamburg	258,9	91,41	135
DGZD	Pallos	Hamburg	149,5	52,76	70
DGZE	Palme	Hamburg	146,9	51,86	55
DGZG	Peter	Hamburg	641,7	226,53	300
DGZH	Peter	Cranz/Elbe	124,2	43,86	25
DGZI	Luise Weitert	Hamburg	394,8	139,37	240/300
DGZJ	Petrolina	Hamburg	1006,0	355,11	
DGZK	Pinnau	Hamburg	143,9	50,79	70
DGZL	Pionier	Hamburg	655,2	231,28	300
DGZN	Pirat	Hamburg	496,6	175,28	200
DGZR	Polaris	Hamburg	166,2	58,66	100/135
DGZS	Polarstern	Hamburg	126,2	44,54	60
DGZT	Portia	Hamburg	1255,1	443,04	800
DGZU	Preciosa	Hamburg	121,6	42,92	70
DGZV	Presto	Hamburg	39,5	13,95	85
DGZW	Quo Vadis	Hamburg	157,1	55,46	75
DGZX	Regina	Hamburg	138,5	48,90	70
DGZY	Reina	Hamburg	131,3	46,34	50
DGZZ	Reinhard	Hamburg	523,3	184,70	2×108
DHAA	Rheinland	Hamburg	298,9	105,51	410
DHAB	Roland	Hamburg	258,0	91,07	150
DHAC	Rolf	Hamburg	369,9	130,58	
DHAD	Rolf Hubert	Hamburg	202,8	71,58	100
DHAE	Rudolf	Hamburg	1380,0	487,10	650
DHAF	Rügen	Flensburg	14,0	4,99	35
DHAG	Rungholt	Hamburg	566,5	199,99	300
DHAH	Rungholt	Tönning	11,3	3,98	50
DHAK	Samoa	Hamburg	19,5	6,89	250
DHAL	Schalk	Hamburg	809,2	285,63	
DHAM	Schichau	Hamburg	223,2	78,83	200
DHAN	Schlei	Hamburg	116,0	40,95	100
DHAO	Schwalbe	Hamburg	222,2	78,45	120
DHAP	Schwalbe	Hamburg	106,9	37,73	
DHAQ	Schwalbe	Hamburg	273,6	96,36	90

DHAR — DHCQ

Unterscheidungssignale	Namen der Schiffe	Heimathafen der Schiffe	Kubikmeter (Nettoraumgehalt)	Registertons (Nettoraumgehalt)	PS
DHAR	Schwalbe	Hamburg-Finkenwdr.	37,4	13,32	90
DHAS	Schwalbe II	Hamburg	237,1	83,71	150
DHAT	Schwan	Rendsburg	71,8	25,35	50
DHAU	Seeadler	Hamburg	109,9	38,78	50
DHAV	Seeadler	Leer	282,1	99,57	300
DHAW	Seefalke	Hamburg	143,6	50,71	75
DHAX	Seehund	Hamburg	281,1	99,22	150
DHAY	Seemöve	Hamburg	156,5	55,25	120
DHAZ	Seemöve	Hamburg	191,8	67,70	180
DHBA	Seestern	Hamburg	171,7	60,62	135
DHBB	Seeteufel	Hamburg	140,7	49,68	70
DHBC	Sellin	Hamburg	70,2	24,78	135
DHBD	Selma	Hamburg	199,0	84,73	200
DHBE	Seute Deern	Hamburg	1955,2	690,18	
DHBF	Sextant	Bremen	330,4	116,62	150
DHBG	Siegfried Brey	Hamburg	187,9	66,33	110
DHBH	Silvana	Hamburg	222,1	78,41	100
DHBI	Sirene	Hamburg	132,6	46,82	70
DHBJ	Sleipner	Hamburg	141,3	49,88	100
DHBK	Sleipner	Hamburg	283,1	99,94	200
DHBM	Sperber	Hamburg	55,5	19,61	150
DHBN	Spika	Hamburg	157,4	55,55	60
DHBP	Spongia	Hamburg	97,1	34,29	90
DHBQ	Stade	Hamburg	429,6	151,65	2×290
DHBS	Steinburg	Hamburg	274,6	96,95	165
DHBT	Steinhöft	Hamburg	1,3	0,46	525
DHBU	Stör	Hamburg	268,5	94,78	110
DHBV	Stör	Hamburg-Altenwdr.	6,8	2,40	36
DHBW	Süd II	Hamburg	213,6	75,38	750
DHBX	Süderilw	Hamburg-Finkenwdr.	45,8	16,16	120
DHBY	Sülfmeister	Hamburg	173,6	61,27	120
DHCA	Taube	Hamburg	134,7	47,56	40
DHCB	Tatti	Hamburg	975,5	344,34	300
DHCC	Taucher Flint I	Hamburg	86,9	30,66	150
DHCD	Taucher Flint II	Hamburg	54,7	19,29	80
DHCE	Taucher Flint III	Hamburg	60,1	21,21	180
DHCF	Taucherfahrzeug III	Hamburg	45,4	16,02	65
DHCG	Taucher Harmstorf 5	Hamburg	47,8	16,87	75
DHCH	Taucher Harmstorf 6	Hamburg	23,2	8,20	50
DHCI	Taucher Ottar Harmstorf IX	Hamburg	274,6	96,92	
DHCJ	Thea	Hamburg	125,2	44,18	120
DHCK	Thea	Hamburg	136,3	48,13	100
DHCL	Thomas	Hamburg	790,8	279,16	250
DHCM	Thomas Wiechert	Hamburg	19,9	7,04	
DHCN	Tina Meta	Hamburg	14,4	5,08	66
DHCO	Tine Schröder	Hamburg	140,1	49,44	70
DHCP	Tinka	Hamburg	273,8	96,67	150
DHCQ	Toni	Hamburg	71,4	25,19	100

DHCR — DHEQ

Unterscheidungssignale	Namen der Schiffe	Heimathafen	Kubikmeter (Nettoraumgehalt)	Registertons (Nettoraumgehalt)	PS
DHCR	Treue	Hamburg	394,8	139,38	214
DHCS	Triton	Hamburg	121,2	42,80	60
DHCT	Undine	Hamburg	308,2	108,79	150
DHCU	Undine	Hamburg	139,0	49,08	75
DHCV	Uranus	Hamburg	130,1	45,92	50
DHCW	Uwe	Rendsburg	97,2	34,30	50
DHCX	Uwe-Ursula	Hamburg	295,4	104,26	150
DHCY	Valborg	Hamburg	387,1	136,65	150
DHCZ	Vertrauen	Hamburg	138,4	48,87	50
DHDA	Vertrauen	Hamburg	539,5	190,43	240
DHDB	Victor	Emden	1329,7	469,37	450
DHDC	Vorsetzen	Hamburg	11,8	4,17	475
DHDD	Vorwärts	Hamburg	225,0	79,43	90
DHDE	Vorwärts	Hamburg	138,3	48,83	80
DHDG	Walküre	Hamburg	186,9	65,96	100
DHDH	Walter	Hamburg	127,2	44,89	90
DHDI	Walter	Hamburg	122,0	43,06	100
DHDJ	Waltraud	Hamburg	385,2	135,97	200
DHDK	Waltraute	Hamburg	210,8	74,42	120
DHDL	Wanda	Hamburg	131,1	46,26	60
DHDM	Wega	Bremen	169,7	59,90	80
DHDN	Wega	Hamburg	54,6	19,26	
DHDO	Weißer Greif	Kiel	179,0	63,21	150
DHDP	Welf	Hamburg	292,5	103,27	185
DHDR	Werner	Hamburg	1358,0	479,39	650
DHDS	Weser	Hamburg	749,2	264,45	
DHDT	Westerdiek	Hamburg-Finkenwdr.	59,6	21,04	130
DHDU	Wilfried	Hamburg	299,7	105,81	150
DHDV	Wilfriede Klünder	Hamburg	178,6	63,05	100
DHDW	Wilhelmina	Hamburg	183,4	64,76	90
DHDX	Wilhelmine	Hamburg	128,1	45,22	45
DHDY	Wilhelmine	Hamburg-Altenwdr.	7,6	2,68	60
DHDZ	Willida	Hamburg	138,1	48,74	
DHEA	Willy Charles	Hamburg	244,7*	86,36*	525
DHEB	Willy Marie	Hamburg	194,9	68,80	110
DHEC	Windhund	Hamburg	200,0	70,63	150
DHED	Wolf	Hamburg	262,4	92,63	165
DHEE	Wotan	Hamburg	228,0	80,47	150
DHEF	Wotan	Hamburg	140,9	49,74	100
DHEG	Woterküken	Hamburg-Finkenwdr.	15,3	5,39	70
DHEH	Mangan	Hamburg	1681,3	593,49	500
DHEI	Kranbock I	Hamburg	161,2	56,92	150
DHEJ	B. D. 1265	Hamburg	1405,3	496,08	—
DHEK	Minna Schupp	Hamburg	28,8	10,17	560
DHEL	Pollux	Oldersum	74,1	26,15	16/18
DHEM	Fairplay V	Hamburg	289,0*	102,01*	510
DHEO	Franziska Joerk	Bremerhaven	372,4	131,46	200
DHEP	Süd-West	Hamburg	346,2	122,22	250
DHEQ	Asgard	Hamburg	23,1	8,16	

* = Bruttoraumgehalt.

DHER — DHGP

Unterscheidungssignale	Namen der Schiffe	Heimathafen der Schiffe	Kubikmeter Nettoraumgehalt	Registertons Nettoraumgehalt	PS
DHER	Paul	Hamburg	357,1	126,06	250
DHES	Ingeborg	Hamburg	268,2	94,66	90
DHET	Gesine	Hamburg-Finkenwdr.	5,5	1,95	38
DHEU	Henry Böge	Hamburg	3154,8	1113,64	1200
DHEV	Helmut	Hamburg	70,1	24,74	
DHEW	Aufbau	Hamburg	422,7	149,20	2×207
DHEX	Emma Sauber	Hamburg	4288,5	1513,84	1320
DHEY	Emsriff	Hamburg	9030,7	3187,83	1800
DHEZ	Bergungsschute 4	Hamburg	246,3	86,95	
DHFB	Oda	Hamburg	681,2	240,45	330
DHFC	Martha Russ	Hamburg	2119,0	748,01	1200
DHFD	Brook	Hamburg	2252,3	795,08	1250
DHFE	Adolph	Hamburg	98,2	34,67	200
DHFF	Dorothea Weber	Hamburg	396,9	140,10	345
DHFH	Klaus Wilhelm	Hamburg	379,5	133,98	250
DHFI	West	Bremerhaven	523,4	184,76	
DHFJ	Hub	Hamburg	186,8	65,90	400
DHFK	Helgoland	Hamburg	18,2	6,43	120
DHFL	Hans	Hamburg	98,3*	34,69*	150/200
DHFM	Rudi	Hamburg	94,6	33,38	50
DHFN	Meta	Hamburg	192,1	67,80	120
DHFO	Hubert Schröder	Hamburg	4010,5	1415,70	1450
DHFP	Brösen	Bremerhaven	233,3*	82,35*	30
DHFQ	Claus	Hamburg	233,7	82,14	
DHFR	Cranz	Hamburg	330,1	116,53	250
DHFS	Johannes Friedrich	Hamburg	237,0	83,65	
DHFT	Gertrud	Hamburg	161,5	57,00	75
DHFU	Carlshütte IV	Hamburg	110,4	38,96	50
DHFV	E. Russ	Hamburg	2102,5	742,18	1320
DHFW	Gisela Russ	Hamburg	10485,5	3701,39	2800
DHFX	Annie Tramm	Hamburg	409,4	144,51	250
DHFY	Paul J. Müller	Hamburg	421,9	148,92	825
DHFZ	Artus	Hamburg	2435,0	859,54	700
DHGA	Genius	Hamburg	387,0	136,59	200
DHGB	Hermann Hans	Hamburg	366,9	129,50	250
DHGC	Tilly Russ	Hamburg	2129,0	751,53	1200
DHGD	Charlotte Schröder	Hamburg	2264,9	799,50	1250
DHGE	Welle	Hamburg	369,9	140,10	350
DHGF	Bernd Leonhardt	Hamburg	8892,0	3138,88	1980
DHGG	Ulmbrüder 3	Hamburg	471,0	166,27	2×300
DHGH	Carla	Hamburg	95,6	33,73	30
DHGI	Adele	Hamburg	139,5	49,26	50
DHGJ	Lucy Essberger	Hamburg	2243,4	790,94	1320
DHGK	Berta-Marie	Hamburg	61,8	21,81	
DHGL	Friedel	Hamburg	415,7	146,74	345
DHGM	Este	Hamburg	410,8	145,00	250
DHGN	Erna	Hamburg	139,5	49,25	30
DHGO	Alte Liebe	Hamburg	149,6	52,81	80
DHGP	Pergamon	Hamburg	6084,4	2147,80	4500

* = Bruttoraumgehalt.

DHGQ — DHIN

Unter-scheidungs-signale	Namen der Schiffe	Heimathafen der Schiffe	Kubikmeter (Nettoraumgehalt)	Registertons (Nettoraumgehalt)	PS
DHGQ	Hans Hermann	Hamburg	411,1	145,12	250
DHGR	Thetis	Hamburg	408,0	144,04	250
DHGS	Ulmbrüder 4	Hamburg	471,0	166,27	2×300
DHGT	Leopard	Hamburg	379,5	134,06	250
DHGU	Lilli-Hilda-Johanna	Hamburg	9,8	3,45	
DHGV	Annie Hugo Stinnes	Hamburg	2071,5	731,22	620
DHGW	Annaliese Wehlen	Hamburg	280,7	99,08	80
DHGX	Nordwest	Hamburg	178,1	62,87	150
DHGY	Sonderburg	Hamburg	31,3	11,04	640
DHGZ	Hamburg	Hamburg	382,6	135,07	150
DHHA	Bravo I	Hamburg	2476,7	874,28	1100
DHHB	Julius Pickenpack	Hamburg	627,7	221,59	880
DHHC	Virgilia	Hamburg	2323,4	820,17	880
DHHD	Europa	Hamburg	16185,9	5718,72	4800
DHHE	Ulmbrüder 5	Hamburg	471,0	166,27	2×300
DHHF	Alfred	Bremen	1297,9	458,64	400
DHHG	Tross	Hamburg	117,8	41,59	110
DHHH	Elisabeth Arlt	Bremen	2272,5	803,00	950
DHHI	Reinbek	Hamburg	4449,4	1588,29	1850
DHHJ	Ella Feldmann	Hamburg	412,8	145,71	250
DHHK	Triton	Hamburg	18,1	6,39	90
DHHL	Günther Hartmann	Hamburg	444,8	157,03	325
DHHM	Rheinland	Hamburg	4264,8	1507,00	1200
DHHN	Thor	Hamburg	3440,4	1214,48	1800
DHHO	Gretchen v. Allwörden	Hamburg	424,6	149,89	250
DHHP	Edelgard	Hamburg	360,5	127,27	250
DHHQ	Tender	Bremerhaven	332,3	117,28	200
DHHR	Paul Lübcke	Hamburg	627,7	221,59	800
DHHT	Adolph Gleue	Hamburg	686,5	242,34	2×275
DHHU	Wolfsburg	Hamburg	9319,0	3349,88	3100
DHHV	Mülheim-Ruhr	Hamburg	6354,7	2243,20	2×950
DHHW	Hugo	Hamburg	341,5	120,54	150
DHHX	Thüringen	Hamburg	519,9	183,53	300
DHHY	Harald Schröder	Hamburg	2241,8	791,34	1250
DHHZ	Asgard	Hamburg	2643,7	934,16	1120
DHIA	Midgard	Hamburg	3435,4	1212,71	1300
DHIB	Rügen	Hamburg	379,5	133,95	250
DHIC	Simson	Hamburg	690,7	243,81	
DHID	Stralsund	Hamburg	143,6	50,69	125
DHIE	Käthe-Marie	Hamburg	391,0	138,01	300
DHIF	Martha Peters	Hamburg	1833,6	647,23	900
DHIG	Claus Möller	Hamburg	627,1	221,59	800
DHIH	Hanseat	Hamburg	411,7	145,34	250
DHII	Kilwa	Hamburg	1515,6	534,99	2×675
DHIJ	Weser	Hamburg	522,9	184,57	
DHIK	Wandrahm	Hamburg	2261,4	798,27	1250
DHIN	Matador	Hamburg	149,9*	52,74*	280

* = Bruttoraumgehalt.

DHIO — DHKM

Unterscheidungssignale	Namen der Schiffe	Heimathafen der Schiffe	Kubikmeter Nettoraumgehalt	Registertons Nettoraumgehalt	PS
DHIO	Otto Schubert	Hamburg	691,0	243,92	800
DHIP	Fritz Hugo Stinnes	Hamburg	2157,0	761,40	800
DHIR	Quistorp 3	Hamburg	1322,0	466,66	
DHIS	Quistorp 12	Hamburg	1380,6	487,36	
DHIT	Katja	Hamburg	258,9	91,41	255
DHIU	Lisken	Hamburg	2548,2	899,51	1000
DHIV	Tanga	Hamburg	9532,7	3365,06	2×2000
DHIW	Wotan	Hamburg	177,3	62,58	2×850
DHIX	REG. I	Hamburg	9357,1	3303,06	2800
DHIY	Alpha	Hamburg	2044,6	721,74	900
DHIZ	Stralsund	Hamburg	429,9	151,74	650
DHJA	Willem Mennen	Hamburg	2987,2	1054,48	2200
DHJB	Rita	Hamburg	425,9	150,33	250
DHJC	Quadriga	Hamburg	4888,4	1724,29	7500
DHJD	Möve	Hamburg	5,1	1,79	10
DHJE	Matthias Föcher	Hamburg	609,5	215,15	880
DHJF	Alteland	Hamburg	561,2	198,11	850
DHJG	Esso Baltic	Hamburg	15764,3	5564,80	2×1500
DHJH	Bahrenfeld	Hamburg	428,4	151,23	930
DHJI	Bellatrix	Hamburg		4118,00*	1500
DHJJ	Falkenberg	Hamburg	2622,4	925,70	750
DHJK	Roter Sand	Hamburg			
DHJL	Arktis	Hamburg	351,7	124,14	600
DHJM	Bertha	Hamburg	94,1	33,23	
DHJN	Keitum	Hamburg	2549,0	899,79	1600
DHJO	Lühesand	Hamburg	1317,7	465,16	700
DHJP	Kapt. Wilh. Joerk	Hamburg	1538,5	543,09	750
DHJQ	Frieden	Hamburg	6810,9	2404,26	1750
DHJR	Heinrich Colsmann	Hamburg	561,2	198,11	800
DHJS	Cordelia	Hamburg	3140,5	1108,59	1000
DHJT	Jonny	Hamburg	209,8	74,07	
DHJU	Änne-Ursula	Hamburg	348,2	122,93	
DHJV	Antilope	Hamburg	422,0	148,97	
DHJW	Harriet Siedler	Hamburg	3272,3	837,42	700
DHJX	Sachsenwald	Hamburg	7150,0	2523,40	
DHJY	Maria Schröder	Hamburg	3123,6	1102,65	
DHJZ	Morsum	Hamburg	2549,0	899,79	1600
DHKA	Barmbek	Hamburg	428,4	151,23	720
DHKB	Montan	Hamburg	10514,1	3711,48	
DHKC	Seeadler	Hamburg	200,2	70,67	
DHKD	Claus Böge	Hamburg	3581,8	1264,38	1350
DHKE	Hilda-Rebecka	Hamburg	427,4	150,86	240
DHKF	Delphin	Hamburg			
DHKG	Glückauf	Hamburg	8765,0	3094,00	
DHKH	Carl	Hamburg		3093,00	
DHKI	Winnetou	Hamburg		3911,00	
DHKJ	REG II	Hamburg		2494,00	
DHKK	MargaretheReckmann	Hamburg	632,1	223,13	
DHKM	Fairplay XIX	Hamburg	9,3	3,30	

* = Bruttoraumgehalt.

DHKN — DIRR

Unterscheidungssignale	Namen der Schiffe	Heimathafen der Schiffe	Kubikmeter Nettoraumgehalt	Registertons Nettoraumgehalt	PS
DHKN	Fairplay I	Hamburg	42,3	14,98	
DHKO	Käthe	Hamburg	77,5	27,37	
DHKP	Annemarie Krüger	Hamburg	1332,7	470,92	
DHKQ	Süllberg	Hamburg	2412,0	851,45	
DHKR	Kormoran	Hamburg	14,3	5,05	
DHKS	Ägäis	Hamburg	401,5	141,73	
DHKT	Otto Porr	Hamburg		286	
DHKU	Vogtland	Hamburg	8253,4	2913,44	
DHKV	Lystum	Hamburg	2552,7	901,12	
DHKW	Alstertor	Hamburg			
DHKX	Luise Bornhofen	Hamburg	1285,8	—	
DHKY	Franz Mathies	Hamburg	1285,8	453,90	
DHLJ	Pollux	Hamburg	86,1	30,38	
DIQH	Adele	Dieksanderkoog	6,3	2,24	40
DIQI	Adelheid	Uetersen	274,9	97,06	150
DIQJ	Adler	Cuxhaven	10,7	3,78	50
DIQK	Adler	Friedrichskoog	3,6	1,27	20
DIQL	Adler	Friedrichskoog	5,7	2,02	50
DIQM	Albatros	Borstel	4,1	1,45	25
DIQN	Albert	Friedrichskoog	5,0	1,76	28
DIQO	Albertine	Friedrichskoog	54,5	19,25	60
DIQP	Alice	Dieksanderkoog	9,6	3,39	40
DIQQ	Alma	Dieksanderkoog	2,9	1,02	10
DIQS	Anita	Brunsbüttelkoog	4,3	1,52	25
DIQT	Anita	Cuxhaven	10,2	3,61	50
DIQU	Anna	Uetersen	114,5	40,43	120
DIQV	Anna	Seester	9,4	3,32	50
DIQW	Anna	Schulau	30,3	10,69	90
DIQX	Anna	Dieksanderkoog	3,0	1,05	18
DIQY	Anna	Meldorf	3,4	1,20	36
DIQZ	Anna Helene	Kaiser-Wilhelmkoog	3,1	1,09	16
DIRA	Anne-Lore	Friedrichskoog	7,3	2,58	28
DIRB	Anni	Friedrichskoog	7,4	2,61	50
DIRC	Antares	Dieksanderkoog	10,0	3,53	50
DIRD	Astarte	Schulau	32,6	11,52	50
DIRE	Bernd	Hamburg	322,4	113,81	150
DIRF	Bertha	Friedrichskoog	3,4	0,85	15
DIRG	Bertha	Friedrichskoog	6,2	2,19	35
DIRH	Berta	Dieksanderkoog	3,7	1,31	28
DIRI	Bishorst	Haseldorf	362,9	127,80	200
DIRJ	Bodenwinkel	Brunsbüttelkoog	3,5	1,24	66
DIRK	Bornhofen	Glückstadt	8,7	3,07	28
DIRL	Eleonore	Uetersen	282,5	99,71	200
DIRM	Catharina	Brunsbüttelkoog	9,4	3,30	50
DIRN	Christine	Friedrichskoog	8,6	3,04	50
DIRO	Christine	Friedrichskoog	7,1	2,51	40
DIRP	Condor	Schulau	66,2	23,37	150
DIRQ	Condor	Friedrichskoog	6,1	2,15	40
DIRR	Delphin	Dieksanderkoog	5,6	1,96	28

DIRS — DITQ

Unterscheidungssignale	Namen der Schiffe	Heimathafen der Schiffe	Kubikmeter Nettoraumgehalt	Registertons Nettoraumgehalt	PS
DIRS	Diamant	Friedrichskoog	14,3	5,05	50
DIRT	Donar	Glückstadt	266,9	94,22	150
DIRU	Dora	Friedrichskoog	3,1	1,09	16
DIRV	Dorothea	Dieksanderkoog	3,1	1,11	28
DIRX	Düneck	Uetersen	274,3	96,83	150
DIRY	Ebenezer	Friedrichskoog	9,4	3,32	35
DIRZ	Elfriede	Neufeld	4,1	1,45	12
DISA	Elfriede	Friedrichskoog	3,8	1,34	24
DISB	Elise	Friedrichskoog	5,3	1,87	16
DISC	Else	Neufeld	5,7	2,01	25
DISD	Emma	Dieksanderkoog	2,3	0,81	12
DISE	Emma Johanna	Uetersen	165,3	58,34	70
DISF	Erna	Dieksanderkoog	11,2	3,95	50
DISG	Erna	Friedrichskoog	5,1	1,80	35/40
DISH	Ernst Heinrich	Moorege	109,0	38,49	72
DISI	Ernte	Neufeld	86,3	30,46	24
DISJ	Fahrewohl	Friedrichskoog	6,0	2,12	18
DISK	Fahrewohl	Neufeld	5,7	2,01	50
DISL	Falke	Schulau	59,6	21,04	135
DISM	Fortuna	Glückstadt	300,7	106,16	165
DISN	Fortuna	Friedrichskoog	6,1	2,81	28
DISO	Freia	Friedrichskoog	6,2	2,19	25
DISP	Frieda	Dieksanderkoog	5,5	1,94	27
DISQ	Frieda	Schulau	36,6	12,90	100
DISR	Friede	Dieksanderkoog	4,0	1,41	18
DISS	Frieda	Neufeld	6,7	2,36	25
DIST	Friedo	Friedrichskoog	4,5	1,58	20
DISU	Frija	Glückstadt	232,5	82,14	150
DISV	Gertrud	Cuxhaven	6,3	2,22	50
DISW	Gesa	Glückstadt	199,2	70,31	75
DISX	Grete	Neufeld	11,1	3,93	70
DISY	Grete	Brunsbüttelkoog	11,7	3,88	75
DISZ	Hans	Neufeld	7,0	2,47	38
DITA	Heimat	Glückstadt	10,1	3,57	30
DITB	Heinz	Brunsbüttelkoog	3,9	1,38	16
DITC	Helene	Seester	4,3	1,52	30
DITE	Helgo	Friedrichskoog	11,3	3,98	35/40
DITF	Herm. Fischer	Glückstadt	39,6	13,99	120
DITG	Holstein	Uetersen	335,4	118,40	200
DITH	Hooge	Dieksanderkoog	13,5	4,76	50
DITI	Ida Joerk	Hamburg	1524,7	538,22	550
DITJ	Iduna	Friedrichskoog	3,9	1,38	16/18
DITK	Ilse-Elfriede	Friedrichskoog	8,4	2,97	50
DITL	Ina	Friedrichskoog	1,2	0,42	7
DITM	Inge	Neufeld	2,8	0,98	12
DITN	Ingerta	Hamburg	39,9	14,08	145
DITO	Irmgard	Haseldorf	133,7	47,21	50
DITP	Johanna	Seesteraudeich	5,5	1,94	50
DITQ	Johanna	Friedrichskoog	3,8	1,34	20

DITR — DIVQ

Unter-scheidungs-signale	Namen der Schiffe	Heimathafen der Schiffe	Kubikmeter Nettoraumgehalt	Registertons Nettoraumgehalt	PS
DITR	Käthe	Friedrichskoog	6,6	2,33	40
DITS	Käte	Seesteraudeich	34,5	12,19	100
DITT	Käthe Theunert	Uetersen	374,4	132,17	220
DITU	Karin	Neufeld	11,8	4,17	40
DITV	Karin II	Friedrichskoog	3,5	1,24	12
DITW	Keen Tid	Dieksanderkoog	2,0	0,71	12
DITX	Kehrwieder	Burg/Dithm.	111,3	39,29	50
DITY	Kehrwieder	Seester	35,5	12,53	100
DITZ	Lena	Cuxhaven	2,8	0,99	24
DIUA	Lene	Friedrichskoog	4,0	1,41	16/18
DIUB	Lilli	Friedrichskoog	1,9	0,67	12
DIUC	Lotti	Friedrichskoog	4,0	1,41	12
DIUD	Luise	Neufeld	2,3	0,83	8
DIUE	Lucia	Friedrichskoog	9,4	3,34	50
DIUF	Margarethe	Seester	11,4	4,02	90
DIUG	Maria	Brunsbüttelkoog	4,6	1,64	24
DIUI	Marie	Lübeck-Travemünde.	32,3	11,40	150
DIUJ	Marie-Eleonore	Uetersen	247,9	87,52	85
DIUK	Marie Falk	Möltenort	21,1	7,45	100
DIUL	Martha	Friedrichskoog	4,1	1,45	20
DIUM	Mary	Neufeld	9,6	3,41	50
DIUN	Max	Schulau	35,5	12,53	75
DIUO	Meta	Dieksanderkoog	6,1	2,15	25
DIUP	Minna	Friedrichskoog	2,8	0,99	30
DIUQ	Minna	Dieksanderkoog	9,3	3,28	40
DIUR	Möve	Neufeld	3,0	1,10	18
DIUS	Möve	Neufeld	2,6	0,91	18
DIUT	Morian	Uetersen	234,1	82,64	60
DIUU	Muschel	Brunsbüttelkoog	3,3	1,16	45
DIUV	Nathurn	Glückstadt	10,1	3,56	38
DIUW	Nelson	Friedrichskoog	4,3	1,52	35
DIUY	Neptun	Elmshorn	26,0	9,16	125
DIUZ	Nordfriesland	Glückstadt	6,5	2,3	68
DIVA	Nordstern	Dieksanderkoog	4,0	1,43	16
DIVB	Odin	Glückstadt	252,0	88,86	150
DIVC	Orion	Burg/Dithm.	140,4	49,56	40
DIVD	Paloma	Friedrichskoog	5,1	1,80	40
DIVE	Paloma	Hallig Hooge	15,7	5,55	12
DIVF	Pauline	Neufeld	2,0	0,72	12
DIVG	Pidder Lüng	Friedrichskoog	6,7	2,38	15
DIVH	Polarstern	Friedrichskoog	7,8	2,75	40
DIVI	Regenpfeifer	Friedrichskoog	11,4	4,02	25
DIVJ	Regina	Glückstadt	14,7	4,50	22
DIVK	Rheingold	Hamburg	152,8	53,93	120
DIVL	Rolf Detlef	Wedel	6,3	2,22	30
DIVN	Schwalbe	Friedrichskoog	2,1	0,74	16/18
DIVO	Schwan	Friedrichskoog	3,6	1,28	25
DIVP	Seeadler	Friedrichskoog	5,4	1,91	16
DIVQ	Seefalke	Friedrichskoog	4,3	1,52	10/14

DIVR — DIXQ

Unter-scheidungs-signale	Namen der Schiffe	Heimathafen der Schiffe	Kubikmeter Nettoraumgehalt	Registertons Nettoraumgehalt	PS
DIVR	Seemöwe	Friedrichskoog	10,5	3,71	75/90
DIVS	Seerose II	Neufeld	7,9	2,79	50
DIVT	Seestern	Neufeld	3,1	1,08	10
DIVU	Seestern	Burg/Dithm.	98,4	34,75	36
DIVV	Sirius	Seester	18,6	6,56	90
DIVW	Sneppfalk	Brunsbüttelkoog	12,1	4,27	18/20
DIVZ	Sturmvogel	Friedrichskoog	2,9	1,02	12/14
DIWA	Sturmvogel	Hamburg	7,3	2,57	34
DIWB	Sturmvogel	Friedrichskoog	4,5	1,59	20
DIWC	Sturmvogel	Kasenort	7,0	2,47	12
DIWD	Süderau	Hallig Langeness	2,8	1,00	20
DIWE	Thea	Kollmar/Holstein	258,9	91,37	120
DIWF	Thor	Büsum	6,8	2,40	50
DIWG	Tiu	Glückstadt	253,9	89,62	150
DIWH	Traute	Glückstadt	249,1	87,94	240
DIWI	Urania	Friedrichskoog	45,9	11,10	40
DIWJ	Vorwärts	Brunsbüttelkoog	8,0	2,81	60
DIWK	Walter	Hamburg	133,2	47,01	50
DIWL	Wedel	Glückstadt	225,0	79,41	80
DIWM	Wilhelm Schiermann	Uetersen	183,2	64,68	120
DIWN	Wilhelmine	Brunsbüttelkoog	5,3	1,90	35
DIWO	Windsbraut	Dieksanderkoog	20,4	7,20	20
DIWP	Zukunft	Uetersen	276,0	97,38	150
DIWQ	Grete	Friedrichskoog	3,7	1,32	15
DIWR	Karl Heinz	Friedrichskoog	10,5	3,69	28
DIWT	Widder	Schulau	415,9	146,81	250
DIWU	Saxnot	Friedrichskoog	416,3	146,98	550
DIWV	Helga	Meldorf	2,8	1,00	
DIWW	Erna	Elmshorn	283,1	99,95	120
DIWX	Frieda	Elmshorn	272,0	96,02	
DIWY	Tine	Friedrichskoog	2,4	0,84	8
DIWZ	Gretchen Vollmers	Uetersen	412,6	146,64	250
DIXA	Amanda	Friedrichskoog	3,0	1,08	30
DIXB	Hanna	Friedrichskoog	11,0	3,91	40
DIXC	Emmi	Dieksanderkoog	4,4	1,55	16
DIXD	Henry	Friedrichskoog	4,1	1,47	
DIXE	Anke	Friedrichskoog	3,8	1,36	
DIXF	Hildegard Bülow	Kollmar/Holstein	325,3	114,82	220
DIXG	Peter	Glückstadt	4,8	1,72	18
DIXH	Nordsee	Schulau	57,3	20,21	120
DIXI	Heimkehr	Friedrichskoog	8,0	2,82	40
DIXJ	Elisabeth Bröker	Schulau	385,8	136,18	250
DIXK	Pik As	Glückstadt	12,0	4,23	25
DIXL	Eggert Karstens	Büsum	13,6	4,80	
DIXM	Berta	Elmshorn	276,0	97,42	120
DIXN	Thyra	Elmshorn	265,2	93,63	
DIXO	Wiebke	Heiligenstedten	33,6	11,86	60
DIXP	Marta	Elmshorn	266,0	83,89	
DIXQ	Zita	Elmshorn	312,3	110,25	

DIXS — DJBZ

Unter-scheidungs-signale	Namen der Schiffe	Heimathafen der Schiffe	Kubik-meter Nettoraumgehalt	Register-tons Nettoraumgehalt	PS
DIXS	Wilhelmine	Friedrichskoog	9,4	3,30	50
DIZX	Adler	Wyk/Föhr	9,2	3,24	50
DIZZ	Albatros	Flensburg	211,9	74,81	260
DJAA	Albatros	Langballigau	25,2	8,80	120
DJAB	Alexandra	Flensburg	155,5	54,90	420
DJAC	Ambronia	Amrum	23,7	8,35	100
DJAD	Annchen	Lübeck	195,9	69,15	150
DJAE	Annemarie	Keitum/Sylt	32,8	11,59	25
DJAF	Astrea	List/Sylt	110,8	39,20	86
DJAG	Birgit	Flensburg	1500,0	425,00	320
DJAH	Bleibtreu	Hörnum/Sylt	14,7	5,18	50
DJAI	Christel	Neustadt/Holstein	21,1	7,44	75
DJAJ	Christine	Wyk/Föhr	97,9	34,57	100
DJAK	Doris	Flensburg	917,1	324,00	340
DJAN	Fle 32	Flensburg	3,7	1,31	20
DJAO	Fle 47	Flensburg	3,2	1,12	8
DJAQ	Erika	Flensburg	60,9	21,51	120
DJAR	Föhr-Amrum	Wyk/Föhr	255,6	90,22	240
DJAS	Föhr-Dagebüll	Wyk/Föhr	184,9	65,28	320
DJAT	Forelle	Flensburg	63,3	22,33	125
DJAU	Frisia	Wyk/Föhr	123,9	43,73	80
DJAW	Gerda	List/Sylt	24,2	8,54	120
DJAX	Grete	Flensburg	80,9	28,55	50
DJAY	Günther III	Flensburg	197,4	69,67	140
DJAZ	Habicht	Flensburg	176,1	62,17	250
DJBA	Dörte	Flensburg	40,1	14,15	135
DJBB	Hedwig Pannbacker	Flensburg	543,3	191,79	360
DJBC	Hermine	Wyk/Föhr	92,5	32,64	50
DJBE	Irmgard	Amrum	18,2	6,43	100
DJBF	Käthe Marie	Amrum	99,9	35,28	70
DJBH	Karl Friedrich	Wyk/Föhr	43,9	15,49	95
DJBI	Libelle	Flensburg	63,3	22,33	100
DJBJ	Lina	Amrum	130,3	46,00	50
DJBK	Magdalena	Munkmarsch/Sylt	72,2	25,50	75
DJBL	Marie Ursula	Flensburg	246,9	87,16	150
DJBM	Nordfriesland	Wyk/Föhr	423,4	149,46	300
DJBN	Oste	Wyk/Föhr	88,0	30,88	100
DJBO	Rolf Verhey	Wyk/Föhr	23,4	8,27	75
DJBP	Rungholt	Wyk/Föhr	35,3	12,48	72
DJBQ	Seebär	Hörnum/Sylt	6,5	2,30	36
DJBR	Jul	Wyk/Föhr	143,9	90,81	120
DJBS	Jörn	Flensburg	352,0	124,25	275
DJBT	Siegfried	List/Sylt	20,0	7,06	90
DJBU	Silbermöve	Hörnum/Sylt	34,5	12,19	100
DJBV	Sturmvogel	List/Sylt	18,4	6,49	135
DJBW	Uthlande	Wyk/Föhr	182,9	64,56	200
DJBX	Valda	Flensburg	1008,2	355,91	450
DJBY	Walküre	Flensburg	157,5	55,60	120
DJBZ	Pagensand	Hamburg	822,6	290,37	500

DJCC — DJEV

Unterscheidungssignale	Namen der Schiffe	Heimathafen der Schiffe	Nettoraumgehalt Kubikmeter	Nettoraumgehalt Registertons	PS
DJCC	Sölve	Hörnum/Sylt	9,2	3,26	40
DJCD	Auguste	Hörnum/Sylt	12,6	4,43	40
DJCE	Hubert	Langballigholz	18,1	6,38	120
DJCF	Jürgen	Wyk/Föhr	3,4	1,21	12
DJCJ	Werner	Flensburg	3,8	1,35	
DJCK	Esther	Flensburg	4,2	1,47	68
DJCL	Anna	Amrum	18,2	6,43	
DJCM	Edith	Flensburg	3,0	1,05	
DJCN	Friesland	Wyk/Föhr	22,9	8,09	45
DJCP	Lan 22	Langballigau	18,0	6,37	70
DJCQ	Rüm-Hard	Hallig Langeness	12,9	4,54	6
DJCS	Venus	Flensburg	6125,0	2162,12	1500
DJCT	Flensau	Flensburg	2132,2	752,68	1200
DJCU	Lan 30 Charlotte	Langballigau	12,0	4,24	60
DJCV	Charlotte Bohl	Flensburg	418,4	147,71	250
DJCW	Jupiter	Flensburg	2132,8	752,87	1200
DJCX	Schwennau	Flensburg	2132,5	752,76	1200
DJCY	Jan Meeder	Flensburg	421,6	148,82	250
DJCZ	Pallas	Flensburg	2132,8	752,87	1200
DJDA	Ostsee	Flensburg	30,9	10,93	110
DJDT	Ada	Maasholm	15,7	5,53	50
DJDU	Adler	Büsum	9,5	3,35	25
DJDV	Adler	Büsum	6,5	2,20	50
DJDW	Adler	Tönning	7,6	2,68	40
DJDX	Admiral Scheer	Büsum	5,8	2,05	40
DJDY	Albatros	Büsum	9,1	3,23	40
DJDZ	Albert	Pellworm	97,0	34,32	50
DJEA	Alma	Hamburg	107,3	37,89	70
DJEB	Alma-Helene	Büsum	9,8	3,46	60
DJEC	Anita	Büsum	7,8	2,75	50
DJED	Anna	Pellworm	43,6	15,37	
DJEE	Anna	Büsum	14,5	5,10	25
DJEF	Anna-Auguste	Büsum	5,0	1,76	36
DJEG	Annemarie	Husum	9,0	3,18	40
DJEH	Annemarie	Büsum	4,2	1,48	25
DJEI	Anni	Pellworm	91,8	32,41	25
DJEJ	Antje	Büsum	2,8	0,99	20
DJEK	Arn VII	Arnis/Schlei	275,3	97,17	375
DJEL	Bertha	Büsum	15,3	5,40	75
DJEM	Bertha	Flensburg	19,3	6,83	120
DJEN	Bertha-Elisabeth	Büsum	8,0	2,82	54
DJEO	Bravo	Büsum	8,3	2,93	40
DJEP	Bussard	Husum	10,2	3,60	75
DJEQ	California	Büsum	10,5	3,71	35
DJER	Capella	Büsum	12,3	4,34	50
DJES	Carl Jensen	Kappeln/Schlei	150,0	52,83	120
DJET	Carmen-Silva	Husum	4,8	1,69	36
DJEU	Catrina	Friedrichstadt	138,9	49,03	100
DJEV	Blitz	Büsum	10,6	3,76	

DJEW — DJGS

Unterscheidungssignale	Namen der Schiffe	Heimathafen	Kubikmeter (Nettoraumgehalt)	Registertons (Nettoraumgehalt)	PS
DJEW	Christine	Pellworm	75,5	26,65	50
DJEX	Clara	Maasholm	9,3	3,30	44
DJEY	Columbus	Pellworm	5,2	1,85	25
DJEZ	Concordia	Büsum	7,1	2,49	50
DJFA	Condor	Büsum	15,5	5,47	50
DJFB	Cormoran	Büsum	14,1	4,98	75
DJFC	Danzig	Büsum	9,7	3,42	40
DJFD	Diana	Büsum	5,1	1,78	36
DJFE	Gebrüder	Warverort	3,6	1,27	50
DJFF	Dithmarschen	Büsum	9,5	3,35	50
DJFG	Dolly Schlömer	Büsum	21,1	7,45	100
DJFH	Dorothea	Büsum	6,7	2,36	50
DJFI	Edelweiß	Husum	6,4	2,27	35
DJFJ	Eider	Süderstapel	184,2	65,02	100
DJFK	Elbing	Büsum	8,8	3,11	50
DJFL	Elise	Büsum	3,5	1,24	15
DJFM	Elke	Husum	4,2	1,48	25
DJFN	Ella	Tönning	2,0	0,71	28
DJFO	Ella	Tönning	7,1	2,51	50
DJFP	Elli	Büsum	3,7	1,31	24
DJFQ	Elsa	Husum	6,8	2,43	36
DJFR	Else	Husum	4,9	1,75	30
DJFS	Erich	Tönning	5,3	1,87	32
DJFT	Ernst	Büsum	8,9	3,14	60
DJFU	Erwin	Büsum	6,3	2,22	80
DJFV	Falke	Büsum	7,0	2,47	10
DJFW	Feuerland	Büsum	14,8	5,22	100
DJFX	Forelle	Büsum	5,0	1,77	36
DJFY	Fortuna	Büsum	9,8	3,46	50
DJFZ	Frieda	Büsum	7,0	2,47	50
DJGA	Frieda	Büsum	3,3	1,16	30
DJGB	Frieda	Büsum	18,8	6,63	75
DJGC	Friesland	Ording	7,9	2,79	25
DJGD	Frischauf	Büsum	4,5	1,59	24
DJGE	Fürchtenicht	Büsum	11,2	3,95	40
DJGF	Fürchtenicht	Tönning	14,7	5,19	90
DJGG	Georg-Hinrich	Büsum	5,5	1,94	40
DJGH	Germania	Büsum	5,1	1,80	40
DJGI	Gertrud Helene	Husum	3,2	1,13	25
DJGJ	Giserda	Tönning	5,7	2,01	40
DJGK	Gorch Fock	Büsum	4,5	1,59	25
DJGL	Grete	Tönning	6,5	2,29	25
DJGM	Günther	Büsum	23,5	8,30	100
DJGN	Gustav	Pellworm	101,2	35,20	50
DJGO	Hanna	Tönning	3,1	1,09	38
DJGP	Hanna	Husum	9,7	3,43	50
DJGQ	Helene	Pellworm	5,3	1,89	25
DJGR	Hans-Hermann	Büsum	11,0	3,88	75
DJGS	Hedi Engels	Büsum	24,9	8,21	120

DJGT — DJIR

Unter-scheidungs-signale	Namen der Schiffe	Heimathafen der Schiffe	Kubik-meter Nettoraumgehalt	Register-tons Nettoraumgehalt	PS
DJGT	Heimatland	Husum	10,6	3,77	50
DJGU	Heimbringer	Pellworm	14,3	5,06	35
DJGV	Heinrich Christian	Husum	5,7	2,01	40
DJGW	Helene	Pellworm	13,4	4,73	40
DJGX	Helene	Husum	9,6	3,39	80
DJGY	Helmut	Büsum	3,4	1,20	40
DJGZ	Henny	Büsum	4,1	1,46	18
DJHA	Herbert	Büsum	5,4	1,91	40
DJHB	Herta	Arnis/Schlei	148,5	52,41	- 120
DJHC	Hilda	Büsum	5,0	1,76	50
DJHD	Hildegard-Marie	Husum	21,7	7,66	75
DJHE	Hoffnung	Tönning	5,2	1,83	50
DJHF	Hoffnung	Büsum	6,5	2,28	40
DJHG	Holstein	Büsum	9,1	3,21	50
DJHH	Iduna	Büsum	9,2	3,24	40
DJHI	Imperator	Büsum	5,2	1,84	36
DJHJ	Inge	Büsum	10,2	3,60	60
DJHK	Ingrid	Büsum	8,9	3,14	60
DJHL	Irmgard	Husum	3,4	1,20	27
DJHM	Johann-Hinrich	Büsum	9,1	3,21	50
DJHN	Julie	Pellworm	8,7	3,08	50
DJHO	Karl-Heinz	Kappeln/Schlei	127,7	45,06	75
DJHP	Kehrwieder	Büsum	60,0	1,21	150
DJHQ	Bertha	Büsum	6,0	2,11	24
DJHR	Klaus Groth	Büsum	21,2	7,48	80
DJHS	Königsberg	Büsum	7,7	2,72	40
DJHT	Komet	Büsum	8,6	3,04	50
DJHU	Konrad	Büsum	7,3	2,59	30
DJHV	Kroo 11	Maasholm	4,7	1,66	20/25
DJHW	Kurt	Büsum	8,9	3,14	50
DJHX	Paloma	Büsum	17,1	6,03	
DJHY	Leonore	Pellworm	6,7	2,36	36
DJHZ	Leonore-Johanna	Büsum	7,3	2,58	75
DJIA	Lilli	Büsum	4,8	1,69	25
DJIB	Loreley	Büsum	5,7	2,01	40
DJIC	Lucia	Kiel	89,0	31,42	75
DJID	Ludwig	Büsum	11,3	3,00	44
DJIE	Mareile	Kappeln/Schlei	12,7	4,50	50
DJIF	Margaretha	Büsum	5,8	2,04	25
DJIG	Marie	Husum	57,5	20,31	65
DJIJ	Mariechen	Kappeln/Schlei	13,2	4,67	75
DJIK	Mariechen	Maasholm	9,3	3,28	75
DJIL	Marie-Luise	Büsum	4,3	1,52	25
DJIM	Marie-Luise	Husum	7,8	2,77	75
DJIN	Marie-Luise	Pellworm	11,2	3,95	75
DJIO	Martha	Süderstapel	103,5	36,54	100
DJIP	Martha	Husum	7,9	2,79	50
DJIQ	Martha	Büsum	6,8	2,40	40
DJIR	Mary	Tönning	5,2	1,84	38

DJIS — DJKQ

Unter-scheidungs-signale	Namen der Schiffe	Heimathafen	Kubik-meter (Nettoraumgehalt)	Register-tons (Nettoraumgehalt)	PS
DJIS	Mary	Husum	9,1	3,32	50
DJIT	Mathilde	Tönning	1,7	0,61	15
DJIU	Mercur	Emden	12,2	4,34	400
DJIV	Merkur	Husum	6,5	2,30	25
DJIX	Meteor	Büsum	5,2	1,84	36
DJIY	Möve	Büsum	5,2	1,84	36
DJIZ	Möwe	Wöhrden	2,5	0,88	20
DJJA	Möwe	Olversum	8,2	2,89	38
DJJB	Neptun	Büsum	9,6	3,38	50
DJJC	Nixe	Büsum	11,3	3,99	30
DJJD	Norderoog	Pellworm	11,8	4,17	40
DJJE	Nordfriesland	Büsum	11,8	4,17	50
DJJF	Nordfriesland	Husum	8,5	3,01	35
DJJG	Nordseeluft	Büsum	10,7	3,77	50
DJJH	Nordstern	Büsum	7,2	2,54	40
DJJI	Odin	Büsum	6,8	2,30	40
DJJJ	Orion	Büsum	4,0	1,40	16
DJJK	Passarge	Büsum	9,0	3,17	50
DJJL	Pellworm	Pellworm	135,7	47,90	2×165
DJJM	Pellworm	Pellworm	198,0	69,83	150
DJJN	Peter	Husum	7,9	2,78	50
DJJO	Peter Lass	Büsum	9,4	3,32	75
DJJP	Polarstern	Büsum	6,0	2,12	40
DJJQ	Schwalbe	Maasholm	9,3	3,28	50
DJJR	Seeadler	Arnis/Schlei	19,0	6,07	25
DJJS	Seeadler	Büsum	5,2	1,84	40
DJJT	Seemöve	Büsum	5,1	1,81	40
DJJU	Seeschwalbe	Büsum	5,1	1,81	40
DJJV	Seestern	Büsum	4,5	1,58	40
DJJW	Sonja-Charlotte	Büsum	12,63	4,46	50
DJJX	Störtebecker	Büsum	12,5	4,41	75
DJJY	Stollberg	Büsum	8,4	2,95	60
DJJZ	Stralsund	Büsum	9,1	3,21	40
DJKA	Stropp	Büsum	11,0	3,90	35
DJKB	Sturmvogel	Büsum	18,6	6,57	100
DJKC	Süderoog	Pellworm	11,1	4,17	40
DJKD	Südfall	Büsum	4,8	1,70	25
DJKE	Südwest	Maasholm	12,0	4,23	50
DJKF	Svea	Tönning	6,7	2,37	25
DJKG	Tön 31	Tönning	5,0	1,77	20
DJKH	Ursula	Büsum	15,2	5,32	25
DJKJ	Inge	Nordstrand	4,1	1,43	25
DJKK	Venus	Büsum	6,4	2,26	36
DJKL	Vera	Büsum	9,1	3,21	50
DJKM	Vorwärts	Husum	4,9	1,72	35
DJKN	Werner	Büsum	14,2	5,01	58
DJKO	Wilhelm Külper	Büsum	45,8	16,17	120
DJKP	Wilhelmine	Büsum	7,3	2,59	50
DJKQ	Wilhelmine II	Büsum	37,1	10,00	50

DJKR — DJNR

Unterscheidungssignale	Namen	Heimathafen	Kubikmeter	Registertons	PS
	der Schiffe		Nettoraumgehalt		
DJKR	Willy Meinhardt	Husum	115,3	40,69	75
DJKS	Woge	Wöhrden	1,8	0,62	12
DJKT	Maa 22	Maasholm	8,0	2,84	50
DJKU	Wohlfahrt	Maasholm	7,1	2,49	50
DJKV	Wolf	Husum	127,4	44,96	60
DJKW	Woterküken	Büsum	12,6	4,46	50
DJKX	Zukunft	Büsum	24,29	7,5	75
DJKY	Zukunft	Tönning	3,3	1,16	36
DJKZ	Zukunft	Husum	8,5	3,00	75
DJLA	Elsa	Maasholm	18,1	6,37	30
DJLB	Nordlicht	Büsum	16,7	5,91	75
DJLC	Pionier	Hallig Hooge	10,0	3,53	
DJLE	Sturmvogel	St. Peter	7,6	2,70	25
DJLF	Anni-Marie	Büsum	10,1	3,56	36
DJLG	Meteor	Kappeln/Schlei	92,8	32,76	
DJLH	Wohlfahrt	Büsum	6,4	2,28	25
DJLI	Bussard	Büsum	11,6	4,10	
DJLJ	Momme Friedrich	Büsum	10,9	3,85	
DJLK	Gebrüder	Büsum	19,7	6,95	20
DJLL	Mica	Büsum	10,6	3,73	50
DJLM	Stadt Husum	Husum	67,9	23,95	100
DJLN	Hubertus	Büsum	2,6	0,92	36
DJLQ	Nordlicht	Maasholm	10,7	3,79	5
DJLW	Wilhelm Lass	Husum	13,8	4,80	60
DJMA	Tön 9	Tönning	9,4	3,32	35
DJMB	Barbara	Büsum	25,4	8,96	75
DJMC	Else	Büsum	7,2	2,52	30
DJMD	Libelle	Büsum	4,0	1,41	24
DJME	Maa 33	Maasholm	6,5	2,20	50
DJMF	Concordia	Kappeln/Schlei	31,5	11,10	
DJMG	Puck	Kappeln/Schlei	38,0	13,40	
DJMH	Nöck	Kappeln/Schlei	84,8	29,94	100
DJMI	Hertha	Büsum	5,8	2,02	36
DJMJ	Anna	Tümlauerkoog	4,9	1,74	36
DJMK	Seehund	Maasholm	19,5	6,88	15
DJML	Heimkehr	Husum	7,5	2,65	50
DJMM	Antje	Kappeln	15,3	5,39	100/120
DJMN	Reini	Kappeln	9,6	3,39	75
DJMO	Pidder Lüng	Hallig Hooge	31,7	11,18	
DJMP	Albatros	Tönning	5,5	1,95	
DJNJ	Adler	Schönbergerstrand	2,8	1,02	10
DJNK	Alice	Stein	3,6	1,29	25
DJNL	Alsen	Kiel	447,0	158,00	200
DJNM	Anna	Kiel	102,2	36,08	180
DJNN	Anna-Elise	Rendsburg	112,9	39,84	75
DJNO	Annemarie	Kiel	337,0	118,16	240
DJNP	Antje	Kiel	15,2	5,35	60
DJNQ	August	Kiel	119,6	42,22	160
DJNR	Käte Grammerstorf	Kiel	4061,1	1433,60	1225

DJNS — DJPQ

Unterscheidungssignale	Namen der Schiffe	Heimathafen der Schiffe	Kubikmeter Nettoraumgehalt	Registertons Nettoraumgehalt	PS
DJNS	Bruno Grammerstorf	Kiel	1319,3	465,71	700
DJNT	Bülk	Kiel	89,3	31,53	485
DJNU	Bungsberg	Kiel	680,3	240,10	360
DJNV	Schleswig	Kiel	564,9	199,42	800
DJNW	Castor	Kiel	524,6	185,17	325
DJNX	Dora	Laboe	2,7	0,95	15
DJNY	Dora	Kiel	8,9	3,14	50
DJNZ	Dorothea	Kiel	48,1	16,95	100
DJOC	Eckholt	Eckernförde	12,7	4,46	50
DJOD	Edith Becker	Rendsburg	96,2	33,97	50
DJOE	Elisabeth	Schilksee-Strande	5,4	1,91	20
DJOF	Emil	Kiel	283,1	99,93	150
DJOG	Emma Dorothea	Schilksee-Strande	13,0	4,57	80
DJOH	Falke	Rendsburg	162,8*	57,47*	250
DJOI	Fehmarn	Kiel	580,0	205,00	330
DJOJ	Elisabeth Entz	Rendsburg	16057,4	5668,54	2×2250
DJOK	Friedrichsort	Kiel	339,0	119,67	280
DJOL	Georg	Kiel	121,1	42,76	100
DJOM	Hans-Helmut	Schilksee-Strande	13,6	4,77	50
DJON	Hans Johann	Rendsburg	274,1	96,74	136
DJOP	Hei 400	Heikendorf	2,0	0,70	10
DJOQ	Heimat	Kiel	10,3	3,62	50
DJOR	Heinrich	Kiel	126,7	44,72	120
DJOS	Henni	Rendsburg	134,5	47,56	75
DJOT	Hermann Kirsch	Rendsburg	10,6	3,74	375
DJOU	Hertha	Kiel	136,7	48,25	150
DJOV	Hertha	Kiel	111,4	39,23	300
DJOW	Hilda	Kiel	303,1	106,99	150
DJOX	Hinrich	Kiel	873,1	308,21	350
DJOY	Hoffnung	Stein	5,6	1,97	25
DJOZ	Hoh 11	Hohwacht	2,2	0,78	10
DJPA	Hohwacht	Kiel	86,0	30,25	300
DJPB	Holsatia	Kiel	169,4	59,80	380
DJPC	Holsatia	Kiel	196,1*	69,22*	250
DJPD	Holtenau	Kiel	55,9	19,73	150
DJPE	Hugo	Laboe	4,6	1,61	15
DJPF	Ilse	Kiel	159,5	56,30	130
DJPG	Ingrid	Kiel	183,1	64,65	150
DJPH	Phönix	Heikendorf	15,6	5,49	
DJPI	Jenny	Eckernförde	40,5	14,23	125
DJPJ	Karin	Kiel	356,5	125,84	125
DJPK	Katharina	Kiel	206,0	72,55	240
DJPL	Kurt Willi	Laboe	8,1	2,86	50
DJPM	Laboe	Kiel	687,7	242,76	950
DJPN	Liesbeth	Laboe	4,7	1,67	25
DJPO	Ludwig	Kiel	363,0	128,14	300
DJPP	Ludwig	Kiel	102,2	36,08	180
DJPQ	Madoc	Kiel	6,6	2,33	15

DJPR — DJRR

Unterscheidungssignale	Namen der Schiffe	Heimathafen der Schiffe	Kubikmeter Nettoraumgehalt	Registertons Nettoraumgehalt	PS
DJPR	Maria Regina	Kiel	202,4	71,27	115
DJPS	Mönckeberg	Kiel	287,7	98,38	240
DJPT	Möve	Heikendorf	8,9	3,14	50
DJPU	Neuende	Kiel	660,0	232,99	300
DJPV	Neumühlen	Kiel	842,8	297,51	450
DJPW	Nixe	Möltenort	7,3	2,59	80
DJPX	Nordmark	Eckernförde	9,1	3,20	90
DJPY	Nordstern	Eckernförde	9,2	3,26	80
DJPZ	Oliva	Kiel	179,8*	63,48*	230
DJQA	Ostsee	Kiel	445,4	157,21	260
DJQB	Phoenix	Kiel	168,6	59,52	530
DJQC	Pilot	Laboe	5,1	1,81	25
DJQD	Pirat 2	Kiel	36,1	12,72	300
DJQE	Pirat 8	Kiel	9,4	3,31	150
DJQF	Probst	Eckernförde	4,4	1,55	25
DJQH	Schleswig-Holstein	Laboe	14,9	5,26	50
DJQI	Schwan	Möltenort	12,5	4,41	90
DJQJ	Schwansen	Kiel	1088,2	384,00	360
DJQK	Seeadler	Rendsburg	230,6*	81,42*	330
DJQL	Sonja	Kiel	38,1	13,46	85
DJQM	Sprott	Eckernförde	37,6	13,26	125
DJQN	Stei 9	Stein	8,4	2,97	25
DJQO	Maria Fr. Joerk	Kiel	318,4	112,38	270
DJQR	Gaarden	Kiel	169,5	59,84	250
DJQS	Sucher	Rendsburg	250,2	88,31	200
DJQT	Thea	Laboe	3,6	1,26	10/12
DJQU	Flensburg	Kiel	564,9	199,42	800
DJQV	Ute	Kiel	39,3	13,87	100
DJQW	Veritas	Kiel	137,8	48,65	75
DJQX	Viktoria	Kiel	121,0	42,73	240
DJQY	Wellingdorf	Kiel	859,4	303,36	
DJQZ	Wilhelm	Breiholz	275,0	97,12	200
DJRA	Rudolf	Kiel	100,7	35,54	175
DJRB	Kronsberg	Kiel	2016,7	711,9	1000
DJRC	Stadtrat Suhr	Heikendorf	16,9	5,96	72
DJRD	Lydia	Laboe	7,1	2,39	74
DJRE	Wogram	Heikendorf	38,2	13,51	120
DJRF	Fortuna	Heikendorf	8,4	2,98	70
DJRG	Möwe	Eckernförde	14,2	5,02	120
DJRH	Mamsell	Kiel	21,7	7,64	125
DJRI	Seestern	Heikendorf	17,6	6,21	36
DJRJ	Glückauf	Eckernförde	11,2	3,95	60
DJRK	Traute	Eckernförde	15,1	5,32	100
DJRL	Karl-Heinz	Strande	19,5	6,90	120
DJRM	Horst	Strande	10,0	3,51	75
DJRN	Friesenland	Emden	49,2	17,40	120
DJRP	Kronsort	Eckernförde	22,2	7,85	90
DJRQ	Christa	Heikendorf	28,7	10,15	100
DJRR	Freundschaft	Laboe	8,8	3,11	50

* = Bruttoraumgehalt.

DJRS — DJTU

Unterscheidungssignale	Namen der Schiffe	Heimathafen der Schiffe	Kubikmeter (Nettoraumgehalt)	Registertons (Nettoraumgehalt)	PS
DJRS	Johann Böhnke	Strande	46,2	16,29	180
DJRU	Marianne	Kiel	4446,5	1569,60	1200
DJRV	Bruno	Kiel	16,9	5,97	112
DJRW	Amrum	Rendsburg	798,1	281,72	185
DJRX	Hedwig Elisabeth	Heikendorf	38,5	13,59	120
DJRY	Inge	Kiel-Friedrichsort	11,6	4,09	
DJRZ	Heimatland	Eckernförde	36,9	13,02	120
DJSA	Carl Sifferlien	Eckernförde	17,2	6,09	100
DJSC	Christian Ivers	Kiel	736,9	260,12	2×550
DJSD	Harald Ivers	Kiel	736,9	260,12	2×550
DJSE	Nordmeer	Eckernförde	31,2	11,01	110
DJSF	Castor	Kiel	128,8*	45,47*	220
DJSG	Charlotte	Kiel	27,0	9,54	65
DJSH	Frie 4	Kiel-Friedrichsort	14,1	4,99	100
DJSI	Doris	Kiel	110,1	38,88	60
DJSJ	Ellerbek	Kiel	564,9	199,42	850
DJSK	Wellingdorf	Kiel	564,9	199,42	850
DJSL	Duburg	Kiel	2468,0	871,20	1200
DJSM	M. Joerk	Kiel	1542,3	544,43	700
DJSN	Emmi	Laboe	49,1	17,34	
DJSO	Felsen	Eckernförde	52,9	18,68	110
DJSQ	Frisch Auf	Eckernförde	23,9	8,43	80/120
DJSS	Ecke 81	Eckernförde	14,44	4,08	90
DJST	Grete-Herta	Möltenort	16,2	5,73	100
DJSU	Söte Deern	Eckernförde	21,1	7,45	
DJSV	Hei 30	Möltenort	14,5	5,11	70
DJSW	Hei 404	Möltenort	3,0	1,20	12
DJSX	Glücksburg	Kiel	2468,4	871,34	1200
DJSY	Heikendorf	Kiel	341,5	66,00	300
DJSZ	Heikendorf	Rendsburg	56,0	19,60	150
DJTA	Hein	Kiel	1,9	0,68	250
DJTB	Schwalbe	Eckernförde	14,6	5,15	90/120
DJTC	Helgoland	Kiel	66,0	23,29	
DJTD	Hoh 21	Hohwacht	2,0	0,80	6
DJTE	Frie 2	Friedrichsort	16,4	5,75	75
DJTF	Peter	Heikendorf	26,4	9,31	120
DJTG	Brigitte	Eckernförde	27,5	9,70	
DJTI	Ingo	Kiel	19,4	6,85	150
DJTK	Blidum	Rendsburg	2417,2	853,80	1200
DJTL	Kehrwieder	Kiel	11,0	3,88	
DJTM	Kitzeberg	Kiel	221,3	78,00	300
DJTN	Neumünster	Kiel	487,6	172,12	
DJTO	Kondor	Kiel	396,5*	139,96*	450
DJTP	Kreih	Neumühlen/Kiel	105,4	37,20	
DJTQ	Lab 41	Laboe	1,9	0,69	20
DJTR	Rex	Eckernförde	4,9	1,74	
DJTS	Elfriede	Kiel	1291,8	456,02	900
DJTT	Lab 62	Laboe	3,4	1,20	
DJTU	Lab 111	Laboe	4,0	1,49	15

* = Bruttoraumgehalt.

DJTW — DJWN

Unterscheidungssignale	Namen der Schiffe	Heimathafen der Schiffe	Kubikmeter Nettoraumgehalt	Registertons Nettoraumgehalt	PS
DJTW	Maria	Kiel	358,9	126,70	180
DJTX	Marie	Eckernförde	5,8	2,06	
DJTZ	Marie Luise	Strande	36,6	12,91	120
DJUA	Martin	Heikendorf	24,2	8,53	150
DJUB	Max	Kiel	278,1*	98,16*	300
DJUC	Möltenort	Kiel	265,1	93,50	300
DJUD	Möwe	Neumühlen/Kiel	210,2	74,20	
DJUG	Oder	Kiel	112,7*	39,77*	250
DJUJ	Pollux	Kiel	128,8*	45,47*	220
DJUL	Radaune	Kiel	210,7	74,39	150
DJUN	Reiher	Neumühlen/Kiel	202,4	74,46	
DJUP	Seestern	Strande	14,4	5,09	
DJUQ	Selekta	Friedrichsort	9,4	3,30	50
DJUR	Silbermöwe	Kiel	12,4	4,36	95
DJUS	Spüler III	Rendsburg	1085,3*	383,51*	125
DJUV	Schwalbe	Kiel	154,3*	54,48*	120
DJUW	Schwan	Neumühlen/Kiel	210,1	74,17	
DJUX	Schwentine	Neumühlen/Kiel	7,4	2,62	49
DJUY	Stadt Kiel	Kiel	410,6	144,94	300
DJUZ	Steffen	Kiel	208,4*	73,58*	250
DJVA	Stein	Kiel	5,0	2,00	710
DJVB	Stettin	Kiel	92,0*	32,49*	225
DJVD	Strande II	Kiel	227,6*	80,33*	220
DJVH	St. S. 80	Kiel	685,4	241,95	250
DJVI	St. S. 81	Kiel	685,0	241,70	250
DJVK	Troll	Kiel	7,3	2,57	75
DJVL	Vorwärts	Brunsbüttelkoog	279,2*	98,57*	
DJVP	Wilhelm	Kiel	146,2*	51,63*	375
DJVQ	Karin	Heikendorf	34,2	12,07	150
DJVS	Kiel 30	Kiel	23,5	8,30	100
DJVT	Lab 7	Laboe	9,9	3,38	75
DJVU	Hei 47	Heikendorf	23,5	8,29	85
DJVV	Herbert	Rendsburg	147,5	52,08	75
DJVW	Claudius	Rendsburg	182,5	64,41	150
DJVX	Waltraut Behrmann	Rendsburg	410,2	144,81	250
DJVY	Inge	Laboe	16,1	5,69	36
DJVZ	Cläre Grammerstorf	Kiel	6192,9	2186,09	1800
DJWA	Aegir	Lübeck-Gothmund	9,2	3,25	25
DJWB	Aline	Haffkrug	15,9	5,61	90
DJWC	Altstadt	Lübeck	92,3	32,58	160
DJWE	Anne Gret	Lübeck-Gothmund	18,1	6,40	75
DJWF	Antje	Niendorf	16,8	5,95	75
DJWG	Ascania	Lübeck	714,5	250,79	220
DJWH	Atalante II	Burg/Fehmarn	117,9	41,63	80
DJWI	Brandenburg	Bremen	265,8	93,82	150
DJWK	Pil 50	Burgstaaken	8,5	3,01	70
DJWL	Bürgermstr. Lafrenz	Burg/Fehmarn	181,3	64,01	350
DJWN	Charlotte	Struckkamp/Fehmarn	5,5	1,93	35

* = Bruttoraumgehalt.

DJWO — DJYO					
Unterscheidungssignale	Namen der Schiffe	Heimathafen der Schiffe	Kubikmeter Nettoraumgehalt	Registertons Nettoraumgehalt	PS
DJWO	Claus	Lübeck	434,0	153,19	250
DJWP	Condor	Lübeck	204,1	72,04	450
DJWR	Deutschland	Haffkrug	8,2	2,89	65
DJWS	Direktor Zirkel	Lübeck-Travemünde	9,0	3,17	35
DJWT	Dora	Burg/Fehmarn	103,8	36,65	100
DJWU	Edelweiß	Neustadt	9,0	3,18	75
DJWV	Edith	Lübeck-Travemünde	17,8	6,30	70
DJWW	Edith	Lübeck-Travemünde	13,0	4,60	50
DJWX	Elbing II	Lübeck	1267,4	447,40	570
DJWY	Elbing IV	Lübeck	614,7	217,01	300
DJWZ	Elbing VII	Lübeck	809,1	285 60	250
DJXA	Elbing VIII	Lübeck	949,0	335,00	350
DJXB	Elbing X	Lübeck	831,0	293,34	300
DJXC	Elbe	Neustadt	6,4	2,28	40
DJXD	Else	Heiligenhafen	13,1	4,63	30
DJXE	Emma	Lübeck-Travemünde	25,3	8,93	100
DJXF	Emmi	Niendorf	8,1	2,84	72
DJXG	Erika	Neustadt	43,7	15,43	150
DJXH	Erna	Lübeck	1114,0	393,25	500
DJXI	Europa	Niendorf	11,0	3,89	120
DJXK	Fehmarn	Burg/Fehmarn	196,2	69,26	225
DJXM	Fortuna	Neustadt	15,8	5,60	15
DJXN	Friederike	Burgstaaken	64,8	22,89	40
DJXO	Gazelle	Lübeck	61,4	21,69	175
DJXP	Gerda	Niendorf	12,0	4,24	75
DJXQ	Gertrud	Lübeck-Travemünde	23,4	8,26	90
DJXR	Glückauf	Lübeck-Travemünde	15,8	5,59	75
DJXS	Gorch Fock	Grömitz	20,2	7,13	90
DJXT	Goth 2	Lübeck-Gothmund	5,6	1,98	25
DJXU	Goth 8	Lübeck-Gothmund	5,2	1,84	15
DJXV	Gretel	Lübeck-Gothmund	5,3	1,86	50
DJXW	Griep to	Großenbrode	29,7	10,47	100
DJXX	Gro 29	Großenbrode	8,1	2,85	68
DJXY	Habicht	Lübeck-Travemünde	23,0	8,11	150
DJXZ	Hanna-Frieda	Heiligenhafen	78,8	27,83	36
DJYB	Hai	Niendorf	18,7	6,62	70
DJYC	Hedwig	Lübeck-Travemünde	14,3	5,06	100
DJYD	Heimat	Schlutup	17,6	6,20	100
DJYE	Heimat	Niendorf	16,1	5,67	70
DJYF	Heimat	Neustadt	11,9	4,19	50
DJYG	Heimkehr	Großenbrode	10,4	3,66	68
DJYH	Hein-Erich	Lübeck-Gothmund	15,1	5,34	75
DJYI	Helene	Burg/Fehmarn	89,1	31,47	55
DJYJ	Helene	Lübeck-Travemünde	12,2	4,29	120
DJYK	Helgoland	Lübeck	687,1	242,54	460
DJYL	Herbert	Emden	147,5	52,08	75
DJYM	Hermann	Lübeck	658,0	232,27	250
DJYN	Holl Fast	Großenbrode	29,7	10,47	120
DJYO	Ingrid	Lübeck-Travemünde	16,5	5,84	75

DJYP — DKAP

Unterscheidungssignale	Namen der Schiffe	Heimathafen der Schiffe	Kubikmeter Nettoraumgehalt	Registertons Nettoraumgehalt	PS
DJYP	Irjo X	Lübeck-Travemünde	18,4	6,50	75
DJYQ	Johanna	Burgstaaken	14,2	5,01	75
DJYR	Julianna	Lübeck	74,7	26,31	50
DJYS	Kattsund	Lübeck	282,2	99,60	240
DJYT	Gretel	Lübeck-Travemünde	9,1	3,22	50
DJYU	Klaus	Niendorf	17,4	6,15	150
DJYV	Kolberg	Lübeck	260,2	91,86	130
DJYW	Lissy	Flensburg	202,7	71,58	150
DJYX	Lore	Lübeck-Travemünde	20,7	7,30	75
DJYY	Lubeca	Lübeck-Schlutup	7,70	2,71	50
DJYZ	Lübeck	Lübeck-Schlutup	9,6	3,40	70
DJZA	Marie	Lübeck	213,4	75,33	150
DJZB	Mariechen	Heiligenhafen	77,5	27,38	125
DJZC	Martha	Lübeck-Travemünde	10,8	3,80	50
DJZD	Martha Geiss	Lübeck	435,0	154,56	260
DJZE	Möve	Lübeck-Schlutup	11,2	3,95	40
DJZF	Möwe	Lübeck	419,5	148,08	280
DJZI	Neu 31	Neustadt	10,8	3,83	60
DJZJ	Neustadt	Neustadt	19,1	6,76	120
DJZK	Nogat	Bremen	304,8	107,60	180
DJZL	Nordstern	Lübeck-Travemünde	15,9	5,63	100
DJZM	Oldenburg	Lübeck-Travemünde	9,1	3,22	56
DJZN	Orion	Hamburg	240,2	84,80	125
DJZO	Ost	Lübeck	78,8*	27,83*	140
DJZP	Ostwacht	Burg/Fehmarn	98,1	34,62	600
DJZQ	Perseus	Burgstaaken	26,1	9,21	120
DJZS	Polyp	Lübeck	65,3	23,05	125
DJZT	Pommern	Großenbrode	5,2	1,85	50
DJZU	Pregel	Bremen	298,4	105,33	185
DJZV	Preußen	Lübeck-Travemünde	17,7	6,26	75
DJZW	Reni	Lübeck-Travemünde	26,5	9,37	90
DJZX	Renate	Großenbrode	3,6	1,29	22
DJZY	Richard	Lübeck	119,1	42,05	70
DJZZ	Roland	Lübeck	184,2*	64,20*	250
DKAA	Roswitha	Niendorf	16,6	5,86	90
DKAB	Sabine	Heiligenhafen	15,2	5,35	70
DKAC	Samland	Bremen	1282,1	452,58	575
DKAD	Sankt Lorenz	Bremen	971,3	342,88	450
DKAE	Schneewittchen	Niendorf	10,5	3,72	50
DKAG	Seeadler	Dahme	4,9	1,74	36
DKAH	Seeadler	Lübeck-Travemünde	16,3	5,74	70
DKAI	Seeadler	Neustadt/Holst.	6,4	2,25	50
DKAJ	Seemöwe	Lübeck	186,6	65,85	300
DKAK	Seeschwalbe	Lübeck	25,2	8,91	35
DKAL	Seestern	Heiligenhafen	6,8	2,42	36
DKAM	Sie 2	Neustadt/Holst.	5,7	2,00	50
DKAN	Silbermöve	Lübeck	201,7	71,21	450
DKAO	Skandia	Flensburg	656,4	231,71	140
DKAP	Steinbutt	Heiligenhafen	27,5	9,69	100

* = Bruttoraumgehalt.

DKAQ — DKCT

Unterscheidungssignale	Namen der Schiffe	Heimathafen der Schiffe	Nettoraumgehalt Kubikmeter	Nettoraumgehalt Registertons	PS
DKAQ	Sturmvogel	Burgstaaken	17,1	6,04	90
DKAR	Sturmvogel	Heiligenhafen	7,2	2,53	25
DKAS	Swea	Lübeck-Travemünde	22,1	7,82	50
DKAT	Thyland	Lübeck	254,9	89,97	350
DKAU	Tra 9	Lübeck-Travemünde	8,2	2,88	90
DKAV	Tra 14	Lübeck-Travemünde	9,0	3,19	50
DKAW	Tra 20	Lübeck-Travemünde	9,1	3,22	30
DKAX	Travemünde	Lübeck	87,9	31,01	340
DKAY	Ursula	Lübeck-Travemünde	21,8	7,69	95
DKAZ	Vineta	Lübeck	816,4	288,19	370
DKBA	Weichsel IV	Lübeck	306,8	108,31	
DKBB	Zoppot	Lübeck	94,5	33,35	200
DKBC	Comet	Neustadt/Holst.	7,6	2,68	65
DKBD	Tra 49	Lübeck-Travemünde	10,9	3,86	100
DKBE	Dorthe Oldendorff	Lübeck	3527,4	1245,16	850
DKBF	Birte Oldendorff	Lübeck	3277,7	1157,05	1250
DKBG	Venus	Burgstaaken	32,4	11,45	120
DKBH	Odin	Burgstaaken	12,5	4,52	75
DKBI	Nie 26	Niendorf	13,6	4,70	60
DKBJ	Hermann	Neustadt/Holst.	22,2	7,85	120
DKBK	Lucie	Niendorf	15,9	5,62	100
DKBL	Tümmler	Lübeck-Travemünde	35,6	12,57	40
DKBM	Seeadler	Burgstaaken	12,6	4,44	100
DKBO	Zwei Gebrüder	Heiligenhafen	7,5	2,66	50
DKBS	Falke	Lübeck-Travemünde	16,7	5,89	95
DKBU	Hilde	Lübeck	16,8	5,95	70
DKBV	Schwalbe	Niendorf	13,5	4,78	50
DKBX	Nie 25	Niendorf	13,2	4,64	80
DKBY	C. K. 11	Neustadt/Holst.	567,1	200,20	3×130
DKBZ	C. K. 10	Neustadt/Holst.	567,1	200,20	3×130
DKCA	Goldelse	Rendsburg	252,5	89,14	190
DKCB	Irene Oldendorff	Lübeck	2200,5	776,79	1250
DKCC	Casablanca	Lübeck	2869,3	1010,51	1200
DKCD	Werner	Burgstaaken	59,5	21,02	150
DKCE	Tra 32	Husum	12,3	4,36	50
DKCF	Hoffnung	Neustadt/Holst.	27,5	9,70	120
DKCG	Eduard	Lübeck	215,8*	76,18*	375/450
DKCH	Granada	Lübeck	1955,5	690,29	1200
DKCI	Erna	Lübeck	30,7	10,83	250
DKCJ	Paul Beneke	Lübeck	389,5	137,32	500
DKCK	Lübeck	Lübeck	282,7*	99,77*	390
DKCL	Clara	Lübeck	119,4*	42,13*	
DKCM	Möwe	Lübeck-Travemünde	9,6	3,39	36
DKCN	Kranich	Lübeck-Travemünde	119,5	42,18	45
DKCO	Baltic	Heiligenhafen	25,7	9,06	115
DKCP	Luba	Schlutup	8,8	3,09	36
DKCR	Mobil	Lübeck	98,1*	34,63*	160
DKCS	Klaus Oldendorff	Lübeck	6307,0	2226,35	
DKCT	Forelle	Burgstaaken	19,8	6,98	120

* = Bruttoraumgehalt.

DKCU — DLXQ

Unter-scheidungs-signale	Namen der Schiffe	Heimathafen	Kubikmeter (Nettoraumgehalt)	Registertons (Nettoraumgehalt)	PS
DKCU	Columbus	Lübeck	15,3	5,40	100
DKCV	Freiheit	Neustadt/Holst.	11,5	4,05	75
DKCW	Bürgermstr. Kuphal	Neustadt/Holst.	25,0	8,82	90
DKCX	Siegfried	Tönning	6,1	2,14	50
DKCY	Sirius	Neustadt/Holst'	10,0	3,54	120
DKDA	Ingeborg	Niendorf/Ostsee	4,4	1,56	10
DKDB	Gertrud Schliewen	Lübeck	3897,6	1375,85	1200
DKDC	Brüsterort	Lübeck-Travemünde	14,1	4,98	70
DKDD	Wega	Heiligenhafen	12,2	4,31	
DKDE	Gothmund	Lübeck-Gothmund	16,6	5,87	50
DKDF	Kehrwieder	Großenbrode	18,3	6,48	75
DKDG	Margarete	Lübeck	4,0	1,42	
DKDH	Margot	Burg/Fehmarn	8,3	2,94	60
DKDI	Glückauf	Heiligenhafen	7,9	2,81	50
DKDJ	Unverzagt	Lübeck	23,0	8,05	95
DKDK	Welle	Burgstaaken	4,0	1,40	25
DKDL	Tra 37	Lübeck-Travemünde	12,7	4,48	33
DKDM	Hela	Lübeck-Travemünde	8,4	2,98	35
DKDN	Possehl	Lübeck	2119,6	748,22	1200
DKDO	Lieselotte	Heiligenhafen	4,6	1,62	25
DKDP	Dietrich Oldendorff	Lübeck	1568,1	553,55	
DKDQ	Jonny II	Heiligenhafen	6,0	2,11	
DKDR	Burg 12	Burgstaaken	13,2	4,67	
DKDS	Seemöwe	Lübeck-Travemünde	66,7	23,56	
DKDT	Hugo Oldendorff	Lübeck	2447,0	864,67	
DKDU	Jutta Schliewen	Lübeck	3899,9	1376,68	
DLXK	Motorboot der Fa. H. Specht	Bremen			
DLXQ	Christa-Fle 7	Flensburg	61,9	21,85	130

* = Bruttoraumgehalt.

b) Die Rettungsboote

der

Deutschen Gesellschaft zur Rettung Schiffbrüchiger

nach der Reihenfolge der Unterscheidungssignale.

Die Maschinenstärke der Boote bezieht sich auf indizierte Pferdestärken oder Wellenpferde.

Die mit einer Seefunkstelle ausgerüsteten Boote sind hinter den Namen mit ʒ und die mit einem Bordfunkpeiler mit einem (ʒ) bezeichnet.

Unterscheidungssignale	Namen der Boote	Rettungsstation	PS
DBAB	Hans Hartmann ʒ	Laboe	110
DBAB	August Nebelthau ʒ	Burgstaaken/Fehmarn	150
DBAC	Borkum ʒ	Borkum	150
DBAD	Bremen ʒ	Amrum	150
DBAE	Carl Behnk	Westerland/Sylt	60
DBAF	Carl Laeisz ʒ	Büsum	150
DBAG	Daniel Denker ʒ	Friedrichskoog	125
DBAH	Rickmer Bock ʒ	Helgoland/Cuxhaven	150
DBAI	Geh.Rat Ladisch	Westerland/Sylt	40
DBAJ	Geh.Rat Satori ʒ	Hörnum/Sylt	150
DBAK	Hermann Frese ʒ	List/Sylt	150
DBAL	Hindenburg ʒ (ʒ)	Cuxhaven	300
DBAM	Langeoog	Langeoog	150
DBAN	Lübeck ʒ	Wangerooge	150
DBAO	Norderney ʒ	Norderney	300
DBAP	Schlei ʒ	Maasholm/Schlei	150
DBAQ	Spiekeroog ʒ	Spiekeroog	150
DBAR	Weser ʒ	Bremerhaven	150
DBAS	Juist ʒ	Juist	150
DBAT	Matthäus Möller	Friedrichskoog	80
DBAU	Pellworm	Friedrichskoog	60
DBAV	Greetsiel	Bremerhaven	45

c) Die Boote

des Zollgrenzschutzes.

Die mit einer Seefunkstelle ausgerüsteten Boote sind hinter dem Namen mit ʒ und die mit einem Funkpeiler ausgerüsteten mit (ʒ) bezeichnet.

Unterscheidungssignale	Name des Schiffes	Heimathafen
DLVB	Eileen ʒ	Cuxhaven
DLVC	Hedwig ʒ	Cuxhaven
DLVD	Hanna ʒ	Cuxhaven
DLVE	Heike ʒ	List/Sylt
DLVF	Seeadler ʒ (ʒ)	Bremen
DLVG	Helene ʒ	Flensburg
DLVH	Tiger ʒ	Travemünde
DLVI	Herta ʒ	Eckernförde
DLVJ	Hermine ʒ	List/Sylt
DLVK	Hildegard ʒ	Wilhelmshaven
DLVM	Honour ʒ	Cuxhaven
DLVN	Helga ʒ	Emden
DLVP	Jaguar ʒ	Flensburg
DLVQ	Löwe ʒ	Travemünde
DLVR	Panther ʒ	Eckernförde

d) Minenräumfahrzeuge

Die mit einer Seefunkstelle ausgerüsteten Fahrzeuge sind hinter dem Namen mit ʒ, die mit einem Funkpeiler ausgerüsteten mit ⓩ und die mit Telefonie ausgerüsteten mit *T* bezeichnet.

Unterscheidungssignale	Namen der Schiffe	Heimathafen
DLWA	R 132 ʒ *T*	Cuxhaven
DLWB	R 133 ʒ ⓩ *T*	Cuxhaven
DLWC	R 134 ʒ *T*	Cuxhaven
DLWD	R 135 ʒ ⓩ *T*	Cuxhaven
DLWE	R 136 ʒ *T*	Cuxhaven
DLWF	R 137 ʒ ⓩ *T*	Cuxhaven
DLWG	R 138 ʒ *T*	Cuxhaven
DLWH	R 140 ʒ ⓩ *T*	Cuxhaven
DLWI	R 142 ʒ ⓩ *T*	Cuxhaven
DLWJ	R 144 ʒ *T*	Cuxhaven
DLWK	R 146 ʒ ⓩ	Cuxhaven
DLWL	R 147 ʒ ⓩ	Cuxhaven
DLWM	Weser ʒ ⓩ *T*	Cuxhaven
DLWO	K 409 ʒ	Cuxhaven
DLWP	K 531 ʒ	Cuxhaven
DLWQ	K 616 ʒ	Cuxhaven
DLWR	Dievenow ʒ	Cuxhaven

e) Bundes- und Länderfahrzeuge

nach der Reihenfolge der Unterscheidungssignale.

Die Maschinenstärke der Dampf- und Motorfahrzeuge ist in indizierten Pferdestärken oder Wellenpferden angegeben.

Die mit Wasserschallempfänger ausgerüsteten Schiffe sind hinter dem Namen mit ☛, die mit einer Seefunkstelle ausgerüsteten mit ʒ, die mit einem Bordfunkpeiler ausgerüsteten mit (ʒ) und die mit Telefonie ausgerüsteten mit *T* bezeichnet.

Unterscheidungssignale	Namen der Schiffe	Art der Schiffe	Heimathafen der Schiffe	PS
DBBA	Ahne ʒ	Peilboot	Hamburg	375
DBBC	Altair ʒ	Peilboot	Hamburg	120
DBBF	Berlin ʒ *T*	Eisbrecher	Emden	900
DBBM	Bussard ʒ (ʒ)	Tonnenleger	Kiel	490
DBBN	Capitain Karpfanger	Lotsendampfer	Cuxhaven	330
DBBP	Delphin ʒ	Tonnenleger	Kiel	300
DBBQ	Eisfuchs *T*	Eisbrecher	Hamburg	600
DBBS	Emden ʒ (ʒ)	Lotsendampfer	Emden	1100
DBBV	Frithjof ʒ (ʒ) *T*	Fischereischutzboot	Cuxhaven	400
DBBW	Greif ʒ (ʒ) *T*	Lotsenbeförd.-Schiff	Cuxhaven	820
DBBX	Hooge ʒ (ʒ)	Peilboot	Hamburg	460
DBBY	Kersten Miles ☛ ʒ (ʒ) *T*	Lotsendampfer	Cuxhaven	1200
DBCA	Langeoog ʒ	Tonnenleger	Bremerhaven	
DBCB	Lotsenkommandeur Krause ʒ	Seezeichendampfer	Brunsbüttelkoog	520
DBCC	Ludwig Plate ʒ	Lotsenversetzd. u. Eisbrecher	Bremerhaven	
DBCD	Lüttje Hörn	Hilfstonnenleger	Emden	300
DBCE	Mellum ʒ (ʒ)	Tonnenleger	Brunsbüttel	2000
DBCF	Neuwerk ☛ ʒ (ʒ)	Seezeichendampfer	Cuxhaven	920
DBCI	Ostpreußen *T*	Eisbrecher	Hamburg	2000
DBCJ	Paul Beneke ʒ (ʒ)	Vermessungsschiff	Hamburg	800
DBCK	Pommern ʒ	Eisbrecher	Kiel	1200
DBCL	Pregel *T*	Eisbrecher	Hamburg	1000
DBCM	Preußen ʒ	Eisbrecher	Kiel	850
DBCN	Prinz Adalbert ʒ	Lotsenversetzdampf.	Bremerhaven	
DBCO	Samland *T*	Tonnenleger	Norden	250
DBCQ	Simon v. Utrecht ☛ ʒ (ʒ) *T*	Lotsendampfer	Cuxhaven	1199
DBCR	Stettin ʒ (ʒ) *T*	Eisbrecher	Hamburg	1900
DBCS	Weser ☛ ʒ	Lotsendampfer	Bremen	480
DBCT	Wilhelms ʒ (ʒ)	Tonnenleger	Kiel	430
DBCU	Friesland ʒ (ʒ)	Tonnenleger	Emden	500
DBCW	Aldessen	Dampfprahm	Bremerhaven	—
DBCX	Alte Liebe	Reededampfer	Cuxhaven	250
DBCY	Aurich	Schleppdampfer	Emden	—
DBCZ	Balje	Schleppdampfer	Bremerhaven	325

DBDA — DBEW				
Unter-scheidungs-signale	Namen der Schiffe	Art der Schiffe	Heimathafen der Schiffe	PS
DBDA	Bant	Dampfprahm	Bremerhaven	—
DBDB	Bremen	Tonnenleger	Bremen	70
DBDC	Burkana	Schleppdampfer	Emden	480
DBDD	Columbus	Bakenstecher	Emden	75
DBDE	Columbus	Saugbagger	Cuxhaven	600
DBDF	D XIII	Dampfklappschute	Bremen	85
DBDG	Dampfprahm I	Dampfprahm	Bremerhaven	2×75
DBDH	Donar	Eisbrecher	Bremen	900
DBDI	Drossel	Motorschlepper	Emden	350
DBDJ	Dünung	Schlepp- u. Bereisungsschiff.	Bremen	75
DBDK	E V	Dampfklappschute	Bremen	120
DBDL	E VI	Dampfklappschute	Bremen	120
DBDM	Eider	Tonnenleger	Tönning	60
DBDN	Elbe *T*	Seezeichendampfer	Hamburg	460
DBDO	Ems	Bereisungsdampfer	Emden	375
DBDP	Emshörn	Schleppdampfer	Emden	400
DBDR	Franzius	Saugbagger	Bremen	800
DBDS	Geheimrat Goeker	Saugbagger	Bremerhaven	1170
DBDT	Hansa	Schleppdampfer	Bremen	350
DBDU	Henny	Schlepp- u. Bereisungsboot.	Norden	36
DBDV	Hydra	Wasserfahrzeug	Emden	180
DBDW	Mathilde	Schlepp- u. Bereisungsboot.	Norden	58/65
DBDX	Meyersledge	Saugbagger	Cuxhaven	700
DBDY	Mittelgrund	Saugbagger	Cuxhaven	790
DBDZ	Moewe	Tonnenleger	Bremen	16
DBEA	Neufeld	Peildampfer	Hamburg	220
DBEB	Niederelbe	Bereisungsmotorschiff	Hamburg	220
DBEC	Nogat	Saugbagger	Kiel	170
DBED	Nord *T*	Peildampfer	Bremen	120
DBEF	Norderney	Vermessungsschiff	Norden	100
DBEG	PB III	Pumpenbagger	Emden	350
DBEH	Randzel	Peildampfer	Emden	160
DBEJ	Ruden ℨ Ⓩ	Peilboot	Hamburg	460
DBEK	Rungholt	Peilboot	Hamburg	120
DBEL	Scharhörn	Bereisungs- und Peildampfer.	Cuxhaven	824
DBEM	Scheelenkuhlen	Schleppdampfer	Cuxhaven	215
DBEN	Seehund	Schleppboot	Norden	50
DBEO	Seehund	Schleppdampfer	Bremerhaven	140
DBEP	Siegfried	Eisbrecher	Bremen	320
DBEQ	Simson	Pumpenbagger	Emden	350
DBER	Spring	Peil- und Bauarbeiten	Bremen	35
DBET	Starkenhorst	Tonnenleger	Wilhelmshaven	170
DBEU	Steinprahm I	Steintransport	Bremen	—
DBEV	Steinprahm II	Steintransport	Bremen	—
DBEW	Süd	Schleppdampfer	Bremen	120

DBEX — DJSB

Unterscheidungssignale	Namen der Schiffe	Art der Schiffe	Heimathafen der Schiffe	PS
DBEX	Tender	Kohlenschiff	Emden	250
DBEY	Tide	Bereisungsdampfer	Bremen	120
DBEZ	Till	Schleppdampfer	Bremen	320
DBFA	Torum	Lotsenversetzschiff	Emden	150
DBFB	Gauss ✉ ℨ ⓩ	Versuchs- u. Vermessungsschiff.	Hamburg	1000
DBFC	Tümmler	Schleppdampfer	Bremerhaven	200
DBFD	Vulkan	Kohlenfahrzeug	Emden	180
DBFE	Wangerooge	Schiffsverbindung Harle-Wangerooge.	Oldenburg	220
DBFF	Wapel	Schleppdampfer	Bremerhaven	
DBFG	Wega	Peilboot	Hamburg	120
DBFH	Welle ℨ	Schlepp- u. Bereisungsdampfer.	Bremen	600
DBFJ	Wodan	Eisbrecher	Bremen	300
DBFK	Wremen	Saugbagger	Bremen	1800
DBFM	Meerkatze ℨ ⓩ	Fischereischutzboot	Cuxhaven	1000
DBFT	Münster	Schiffsverbindung Harle-Wangerooge.	Oldenburg	168
DBFX	Schleswig-Holstein	Eisenbahnfähre	Fehmarnsund	2×200
DBFY	Fehmarn	Eisenbahnfähre	Fehmarnsund	250
DBFZ	Reichsbahn	Seenotboot d. Bundesbahn.	Fehmarnsund	55
DBGE	Südfall ✉ ℨ ⓩ	Forschungsschiff	Bremen	120
DBGK	Wasserschutzpolizei Niedersachsen 1 *T*.	Küstenboot	Wilhelmshaven	80
DBGL	Wasserschutzpolizei Niedersachsen 2 *T*.	Küstenboot	Emden	2×65
DBGM	Wasserschutzpolizei Niedersachsen 3 *T*.	Küstenboot	Norderney	80
DBGN	Wasserschutzpolizei Niedersachsen 4 *T*.	Küstenboot	Norderney	68
DBGO	Wasserschutzpolizei Niedersachsen 5 *T*.	Küstenboot	Emden	90
DBGP	Gesine	Frachtschiff	Norderney	20/24
DBJG	Vogelsand	Schlepp- u. Verkehrsboot.	Cuxhaven	250
DBOB	Schillig	Betonnungs- und Vermessungsfahrzeug.	Wilhelmshaven	2×125
DBOC	Natus	Versorgungs- und Vermessungsfahrzeug.	Wilhelmshaven	200
DBPA	Borkum *T*	Lotsendampfer	Emden	1500
DBPB	Hagen *T*	Bereisungsschiff und Hilfstonnenleger.	Emden	
DBPZ	Ostfriesland	Fischereiaufsichtsfahrzeug.	Norddeich	100
DBQA	Rüstringen	Peilboot	Wilhelmshaven	150
DJLY	Kapitän Meyer ℨ	Seezeichendampfer	Tönning	2×375
DJSB	Barsch	Lotsenversetzboot	Kiel Holtenau	250

DJVM — DLYH

Unterscheidungssignale	Namen der Schiffe	Art der Schiffe	Heimathafen der Schiffe	PS
DJVM	Wal ⚡ (⚡)	Eisbrecher	Rendsburg	1200
DLXI DLXL DLYH	Ruhr	Versuchsboot	Schierstein	

f) Die Feuerschiffe

an der

deutschen Ostsee- und Nordseeküste westlich Fehmarn.

Die mit Wasserschallsendern ausgerüsteten Feuerschiffe sind hinter dem Namen mit 🔔, die mit Seefunkstellen ausgerüsteten mit ⚡, die mit Funkfeuer ausgerüsteten mit Ⓕ und die mit Telefonie ausgerüsteten mit *T* bezeichnet.

Die geographischen Signale der Feuerschiffe sind der geographischen Liste des Internationalen Signalbuches 1931 entnommen.

Geographisches Signal der Feuerschiffsstation	Internationales Unterscheidungs-signal beim Verlassen d. Feuerschiffsstation	Namen der Schiffe
		I. Feuerschiffe
		a) Ostsee
AFRU	DBBT	Fehmarnbelt 🔔 ⚡ Ⓕ
AIKR	DBBZ	Kiel 🔔 ⚡ Ⓕ
AFVN	DBBU	Flensburg 🔔 ⚡
		b) Nordsee
AFHC	DBBJ	Elbe III Bürgermeister Abendroth ⚡ *T*
AFHB	DBBK	Elbe II Bürgermeister Bartels ⚡ *T*
AFHA	DBBR	Elbe I Bürgermeister O'Swald 🔔 ⚡ Ⓩ Ⓕ *T*
ACCP	DBBI	Bremen II ⚡
AAMX	DBBB	P 15 Amrumbank 🔔 ⚡ Ⓕ
ARHW	DBCV	Weser I 🔔 ⚡ Ⓕ *T*
—	DBBL	P 11 Bürgermeister Kirchenpauer ⚡ *T*
ABZN	DBBG	S 2 Borkumriff 🔔 ⚡
		II. Reserve-Feuerschiffe
		a) Ostsee
—	DBFL	Reserve Ostsee
		b) Nordsee
—	DBBD	Außeneider
—	DBBH	Borkumriff-Reserve 🔔 ⚡
—	DBCG	Norderney I 🔔 ⚡ Ⓕ *T*
—	DBBE	Reserve Außenjade
—	DBCP	Senator Brockes ⚡ *T* Außenjade
—	DBJH	Wrackfeuerschiff Neptun

TEIL II

Abc-liches Verzeichnis der Kauffahrteischiffe

der

Bundesrepublik Deutschland

einschließlich der sonstigen z. Zt. zur Verfügung stehenden Schiffe
in alphabetischer Reihenfolge der Namen.

(Das Unterscheidungssignal der mit Funk ausgerüsteten Schiffe ist in Schrägschrift [*Kursiv*] gesetzt.)

Unterscheidungssignale	Namen der Schiffe	Heimathafen der Schiffe
DABC	Aachen	Bremerhaven
DDMR	Aade	Bremen
DGAB	Aar	Hamburg
DGAC	Achim Griese	Kiel
DGAD	Activ	Hamburg
DJDT	Ada	Maasholm
DGAE	Adalbert	Hamburg
DFUH	Adda	Abbenfleth
DDTU	Adele	Bremen
DGAF	Adele	Hamburg
DFUI	Adele	Wischhafen
DGAH	Adele	Hamburg
DHGI	Adele	Hamburg
DFUJ	Adele	Wischhafen
DCBE	Adele	Haren/Ems
DFYJ	Adele	Neuland Kr. Stade
DFUK	Adele	Bützfleth
DIQH	Adele	Dieksanderkoog
DCBF	Adelgunde	Haren/Ems
DCBG	Adelheid	Haren/Ems
DGAI	Adelheid	Hamburg
DCBH	Adelheid	Westrhauderfehn
DGAJ	Adelheid	Hamburg
DIQI	Adelheid	Uetersen
DGAK	Adelheit	Hamburg
DABA	Adeline	Leer
DGAL	Adler	Hamburg
DIQJ	Adler	Cuxhaven
DCBI	Adler	Greetsiel
DDEZ	Adler	Brake
DJDU	Adler	Büsum
DDTK	Adler	Bremen
DJDV	Adler	Büsum
DIQK	Adler	Friedrichskoog
DIQL	Adler	Friedrichskoog
DJDW	Adler	Tönning
DIZX	Adler	Wyk/Föhr
DJNJ	Adler	Schönbergerstrand

Unterscheidungssignale	Namen der Schiffe	Heimathafen der Schiffe
DGAM	Adler	Hamburg-Finkenwerder
DDMS	Adler	Bremen-Vegesack
DGAN	Adler	Hamburg-Altenwerder
DJDX	Admiral Scheer	Büsum
DCBJ	Adolf	Haren/Ems
DGAO	Adolf	Hamburg
DDMT	Adolf	Bremen-Vegesack
DHFE	Adolph	Hamburg
DHHT	Adolph Gleue	Hamburg
DABB	Adonis	Hamburg-Finkenwerder
DHKS	Ägäis	Hamburg
DHJU	Änne-Ursula	Hamburg
DDFA	Aenne Jacobs	Brake
DFEX	Aegir	Otterndorf
DJWA	Aegir	Lübeck-Gothmund
DGAP	Agnes	Hamburg
DFUL	Agnes	Krautsand
DAMA	Agnes Engel	Hamburg-Finkenwerder
DGAR	A. H. Both	Hamburg
DAMF	A. Kappelhoff	Emden
DDAE	Akke	Varelerhafen
DIZZ	Albatros	Flensburg
DJAA	Albatros	Langballigau
DJDY	Albatros	Büsum
DCBL	Albatros	Bensersiel
DIQM	Albatros	Borstel
DJMP	Albatros	Tönning
DABD	Albatross	Bremen
DGAS	Albatross	Hamburg-Finkenwerder
DCBK	Albatross	Friedrichsschleuse
DDMU	Alberich	Bremen-Vegesack

Unterscheidungssignale	Namen der Schiffe	Heimathafen der Schiffe
DGAT	Albert	Hamburg
DJDZ	Albert	Pellworm
DIQN	Albert	Friedrichskoog
DDAF	Albert	Rüstersiel
DGAW	Albert Gido	Hamburg
DAMB	Albert Pust	Bremerhaven
DIQO	Albertine	Friedrichskoog
DFLM	Albinus	Cuxhaven
DCBM	Alex	Haren/Ems
DABE	Alexander v. Humboldt	Bremerhaven
DJAB	Alexandra	Flensburg
DHHF	Alfred	Bremen
DERU	Alfred	Bremerhaven
DENP	Alice	Bremerhaven
DJNK	Alice	Stein
DIQP	Alice	Dieksanderkoog
DABF	Alice Freymann	Hamburg
DCBN	Alida	Greetsiel
DGAX	Alida	Hamburg
DCBO	Aline	Dornumersiel
DJWB	Aline	Haffkrug
DGAZ	Alita III	Hamburg
DGBA	Alita IV	Hamburg
DAMC	Alk	Bremen
DDMV	Alk	Bremen-Vegesack
DGBB	Allegro	Hamburg
DGBC	Alma	Hamburg
DGBD	Alma	Hamburg
DGBE	Alma	Hamburg
DFUM	Alma	Bützfleth
DJEA	Alma	Hamburg
DGBF	Alma	Hamburg
DIQQ	Alma	Dieksanderkoog
DDFC	Alma	Brake
DJEB	Alma-Helene	Büsum
DHIY	Alpha	Hamburg
DJNL	Alsen	Kiel
DGBG	Alster	Hamburg
DHKW	Alstertor	Hamburg
DCBP	Altair	Westrhauderfehn
DCBQ	Altair	Emden
DHJF	Alteland	Hamburg
DGBI	Alteland	Hamburg
DFLG	Alte Liebe	Cuxhaven
DAMD	Alte Liebe	Cuxhaven
DHGO	Alte Liebe	Hamburg
DGBJ	Altona	Hamburg
DJWC	Altstadt	Lübeck
DGBK	Alwine	Hamburg
DFUN	Alwine	Assel
DGBL	A. M. 1	Hamburg
DGBM	A. M. 2	Hamburg
DCBR	Amalie	Leer
DFUO	Amalie	Krautsand
DFUP	Amalie	Abbenfleth
DGBO	Amalie	Laboe

Unterscheidungssignale	Namen der Schiffe	Heimathafen der Schiffe
DFUQ	Amanda	Ritsch/Kehdingen
DFUR	Amanda	Grünendeich/Stade
DIXA	Amanda	Friedrichskoog
DGBP	Amandus	Hamburg
DGBQ	Amazone	Hamburg
DGBR	Amazone	Hamburg
DJAC	Ambronia	Amrum
DGBS	Amor	Hamburg-Finkenwerder
DJRW	Amrum	Rendsburg
DDMW	Amsel	Bremen-Vegesack
DGBT	Andome	Hamburg
DENQ	Andreas	Bremen
DCBT	Angela	Haren/Ems
DCBU	Angela	Haren/Ems
DCBV	Angela-Elise	Haren/Ems
DDMX	Angelika	Wremen
DCBW	Angelina	Haren/Ems
DABH	Anhalt	Bremen-Vegesack
DHGV	Annie Hugo Stinnes	Hamburg
DGBU	Anita	Hamburg
DIQS	Anita	Brunsbüttelkoog
DFLE	Anita	Cuxhaven
DIQT	Anita	Cuxhaven
DJEC	Anita	Büsum
DENR	Anita	Bremerhaven
DGBV	Anke	Hamburg-Blankenese
DIXE	Anke	Friedrichskoog
DCBX	Anlene	Haren/Ems
DCBY	Anna	Haren/Ems
DCBZ	Anna	Westrhauerfehn
DDFD	Anna	Brake/Weser
DJCL	Anna	Amrum
DGBW	Anna	Hamburg
DGBX	Anna	Hamburg
DFUT	Anna	Wischhafen
DGBY	Anna	Hamburg
DJMJ	Anna	Tümlauerkoog
DCCA	Anna	Leer
DCTV	Anna	Leer
DGBZ	Anna	Hamburg
DCCB	Anna	Haren/Ems
DFUU	Anna	Krautsand
DFUV	Anna	Assel
DGCA	Anna	Hamburg
DIQU	Anna	Uetersen
DJED	Anna	Pellworm
DGCB	Anna	Hamburg
DJNM	Anna	Kiel
DFYH	Anna	Lühe

Unterscheidungssignale	Namen der Schiffe	Heimathafen der Schiffe
DDFE	Anna	Brake
DCCC	Anna	Warsingsfehn
DENS	Anna	Wremen
DIQV	Anna	Seester
DIQW	Anna	Schulau
DCCD	Anna	Norddeich
DCCE	Anna	Neuharlingersiel
DDFF	Anna	Brake
DJEE	Anna	Büsum
DIQX	Anna	Dieksanderkoog
DIQY	Anna	Meldorf
DGCC	Anna	Hamburg-Finkenwerder
DGCD	Anna	Hamburg-Finkenwerder
DGCE	Anna	Hamburg-Finkenwerder
DCCF	Anna	Leer
DJEF	Anna-Auguste	Büsum
DDDN	Anna Bohlen	Varel
DFEY	Anna-Catharina	Cuxhaven
DGCF	Anna Cordes	Hamburg
DFUW	Anna Dieckmann	Emden
DJNN	Anna-Elise	Rendsburg
DGCG	Anna-Frieda	Hamburg
DCCG	Anna Grete	Norddeich
DGCH	Anna-Helene	Hamburg
DIQZ	Anna Helene	Kaiser-Wilhelmskoog
DHGW	Annaliese Wehlen	Hamburg
DGCI	Anna-Magdalena	Hamburg
DCCH	Anna Margareta	Borkum
DDDC	Anna-Margaretha	Wilhelmshaven
DCCI	Anna-Maria	Haren/Ems
DGCJ	Anna-Maria	Hamburg
DFUX	Anna-Maria	Dornbusch
DCCJ	Anna-Maria	Ditzum
DCUK	Anna Maria	Ostrhauderfehn
DGCK	Anna-Marie	Hamburg
DDFG	Anna Tekla	Brake
DGCM	Anna Thekla	Hamburg
DCCK	Anna Wilhelmine	Westrhauderfehn
DGCN	Anna Woldmann	Hamburg-Finkenwerder
DJAD	Annchen	Lübeck
DGCO	Annchen Peters	Hamburg
DCCL	Anne	Norderney
DFUY	Anne	Krautsand
DGCP	Anne-Elfriede	Hamburg
DDFH	Anne Friede	Brake
DGCQ	Anne Helene	Hamburg
DDFI	Annegret	Brake
DJWE	Anne Gret	Lübeck-Gothmund
DCCM	Annele	Bensersiel
DGCR	Anne-Lene	Leer
DABJ	Annelies	Hamburg-Finkenwerder
DIRA	Anne-Lore	Friedrichskoog
DGCS	Annemarie	Hamburg
DJNO	Annemarie	Kiel
DJEG	Annemarie	Husum
DJEH	Annemarie	Büsum
DJAE	Annemarie	Keitum/Sylt
DHKP	Annemarie Krüger	Hamburg
DGCL	Anne Marta	Hamburg
DGCT	Anni	Hamburg
DFYY	Anni	Gräpel
DFUZ	Anni	Wischhafen
DGCU	Anni	Hamburg
DIRB	Anni	Friedrichskoog
DDAG	Anni	Wilhelmshaven
DJEI	Anni	Pellworm
DHGV	Annie Hugo Stinnes	Hamburg
DGCV	Anni Lina	Hamburg
DFVA	Anni Louise	Wischhafen
DHFX	Annie Tramm	Hamburg
DJLF	Anni-Maria	Büsum
DFVB	Anny Umland	Ritsch/Kehdingen
DDTE	Ansgaritor	Bremen
DGCW	Antares	Hamburg
DABK	Antares	Bremerhaven
DIRC	Antares	Dieksanderkoog
DHJV	Antilope	Hamburg
DFEZ	Antilope	Otterndorf
DCCN	Antine	Borkum
DGCX	Antje	Hamburg
DJNP	Antje	Kiel
DCCO	Antje	Rorichmoor
DJMM	Antje	Kappeln
DJEJ	Antje	Büsum
DJWF	Antje	Niendorf
DABL	Antje	Hamburg-Finkenwerder
DGCY	Antje Mahler	Hamburg
DGCZ	Antje Oltmann	Hamburg
DCCP	Anton	Haren/Ems
DAME	Anton Hammerbacher	Hamburg
DGDA	Aquarius	Emden
DDRC	Argenfels	Bremen
DDTQ	Argo	Bremen
DGDS	Argonaut	Hamburg
DDDO	Arngast	Wilhelmshaven
DCCQ	Ariadne	Borkum
DDRE	Arion	Bremen
DCCR	Arion	Norddeich
DJEK	Arn VII	Arnis/Schlei
DHJL	Arktis	Hamburg
DCCS	Arktur	Westrhauderfehn
DCCT	Armin	Haren/Ems

Unterscheidungssignale	Namen der Schiffe	Heimathafen der Schiffe
DCCU	Arnold	Haren/Ems
DGDC	Arnolde	Hamburg
DHFZ	Artus	Hamburg
DDFJ	Asathor	Fedderwarder-siel
DJWG	Ascania	Lübeck
DHHZ	Asgard	Hamburg
DHEQ	Asgard	Hamburg
DDKE	Assistent I	Lemwerder
DGDD	Astarte	Hamburg
DIRD	Astarte	Schulau
DJAF	Astrea	List/Sylt
DGDE	Astrid	Hamburg
DABN	Astrid	Hamburg
DJWH	Atalante II	Burg/Fehm.
DENU	Athlet	Bremerhaven
DETM	Atlantic	Bremerhaven
DGDF	Atlantik	Hamburg
DGDG	Audieck	Hamburg-Finkenwerder
DDMY	Auerhahn	Bremen-Vegesack
DHEW	Aufbau	Hamburg
DJNQ	August	Kiel
DENV	August	Bremerhaven
DAMG	August Bröhan	Bremerhaven
DGWO	August Peters	Hamburg
DDFK	Auguste	Brake
DGDH	Auguste	Hamburg
DFFA	Auguste	Cuxhaven
DGDI	Auguste	Hamburg
DJCD	Auguste	Hörnum/Sylt
DAMH	Auguste Kämpf	Bremerhaven
DCCV	Aurora	Borkum
DGDJ	Aurora	Hamburg
DGDK	Ausdauer	Hamburg
DDAH	Auster	Wilhelmshaven
DGDL	Aventura	Hamburg
DDTP	Axenfels	Bremen
DDRF	Bachus	Bremen
DENW	Bärbel	Bremerhaven
DHJH	Bahrenfeld	Hamburg
DABP	Balder	Glückstadt
DGDM	Baldur	Hamburg
DCCW	Baldur	Norderney
DKCO	Baltic	Heiligenhafen
DCSD	Baltic	Haren/Ems
DCCZ	Baltrum	Emden
DCCX	Baltrum I	Baltrum
DCCY	Baltrum II	Baltrum
DJMB	Barbara	Büsum
DCDA	Barbara	Ditzum
DAOZ	Bardenfleth	Bremen
DHKA	Barmbek	Hamburg
DGDO	Barnkrug	Hamburg
DDFL	Barsch	Brake
DGDQ	Baumwall	Hamburg
DABR	Baumwall	Hamburg
DDRN	Bayern	Bremen-Vegesack
DFLF	Bayern	Cuxhaven
DGDR	B. D. 494	Hamburg
DHEJ	B. D. 1265	Hamburg
DHJI	Bellatrix	Hamburg
DABS	Beluga	Hamburg
DGDS	Berger II	Bremerhaven
DENX	Berger III	Bremerhaven
DGDT	Berger V	Bremerhaven
DGDU	Berger VII	Hamburg
DHEZ	Bergungsschute 4	Hamburg
DABU	Berlin	Bremerhaven
DCDB	Berlin	Emden
DIRE	Bernd	Hamburg
DHGF	Bernd Leonhardt	Hamburg
DGPP	Berndt	Hamburg
DCUJ	Bernhard	Haren/Ems
DENY	Bernhard	Bremerhaven
DCDC	Bernhard	Haren/Ems
DABV	Bernhard Janssen	Bremerhaven
DCDC	Bernhardus	Haren/Ems
DIRH	Berta	Dieksanderkoog
DCDE	Berta	Norddeich
DIXM	Berta	Elmshorn
DENZ	Berta	Bremerhaven
DGDY	Berta Hermine	Hamburg-Finkenwerder
DDJS	Berta Jacobs	Brake
DGEA	Berta Köhlmann	Hamburg
DGDV	Berta Louise	Hamburg
DHGK	Berta Marie	Hamburg
DIRF	Bertha	Friedrichskoog
DFYS	Bertha	Abbenfleth
DIRG	Bertha	Friedrichskoog
DHJM	Bertha	Hamburg
DEOA	Bertha	Bremerhaven
DGDW	Bertha	Hamburg
DGDX	Bertha	Hamburg
DJEL	Bertha	Büsum
DJHQ	Bertha	Büsum
DJEM	Bertha	Flensburg
DFVC	Bertha	Grünendeich
DJEN	Bertha-Elisabeth	Büsum
DGDZ	Bertha Johanna	Hamburg
DGEB	Bertha Troles	Hamburg
DCDF	Bettje	Norddeich
DGEC	Betty	Hamburg
DFZA	Betty	Gräpel
DFVD	Betty	Krautsand
DFFC	Betty	Cuxhaven
DABW	Billwärder	Hamburg
DJAG	Birgit	Flensburg
DABX	Birte Lattmann	Hamburg
DKBF	Birte Oldendorff	Lübeck
DIRI	Bishorst	Haseldorf
DJAH	Bleibtreu	Hörnum

Unterscheidungssignale	Namen der Schiffe	Heimathafen der Schiffe
DJTK	Blidum	Rendsburg
DJEV	Blitz	Büsum
DABQ	Bockenheim	Bremen
DIRJ	Bodenwinkel	Brunsbüttelkoog
DDSY	Bogota	Bremen
DFFD	Bollermann	Cuxhaven
DDRI	Bombay	Bremen
DCMF	Borkum	Emden
DACA	Borkumriff	Bremerhaven
DIRK	Bornhofen	Glückstadt
DACB	Brahe	Bremerhaven
DGEE	Brake	Hamburg
DCDG	Brandaris	Langeoog
DJWI	Brandenburg	Bremen
DJEO	Bravo	Büsum
DHHA	Bravo I	Hamburg
DEOB	Bremen	Bremerhaven
DDMZ	Bremen	Bremen-Vegesack
DACC	Bremen	Bremerhaven
DESH	Bremerhaven	Bremerhaven
DAMI	Bremerhaven	Bremerhaven
DDSN	Bremerhaven	Bremen
DCTZ	Bremse	Borkum
DDNA	Brenntag	Bremen
DGEG	Brigitta	Hamburg-Finkenwerder
DDAI	Brigitte	Varelerhafen
DJTG	Brigitte	Eckernförde
DGEH	Brix Hansen	Hamburg-Finkenwerder
DHFP	Brösen	Bremerhaven
DHFD	Brook	Hamburg
DKDC	Brüsterort	Lübeck-Travemünde
DDNB	Brunhild	Bremen-Vegesack
DJRV	Bruno	Kiel
DJNS	Bruno Crammerstorf	Kiel
DJNT	Bülk	Kiel
DGEN	Bützfleth	Hamburg
DKCW	Bürgermeister Kuphal	Neustadt/Holst.
DJWL	Bürgermeister Lafrenz	Burg/Fehm.
DGEJ	Bürgermeister Ross	Hamburg
DACE	Bürgermeister Smidt	Bremerhaven
DJNU	Bungsberg	Kiel
DKDR	Burg 12	Burgstaaken
DCDH	Burkana	Emden
DGEK	Burkhard	Hamburg
DJEP	Bussard	Husum
DJLI	Bussard	Büsum
DGEL	Bussard	Hamburg-Finkenwerder
DACF	Bussard	Bremerhaven
DGEM	Bussard	Hamburg
DFLI	Butendiek	Cuxhaven
DACG	Butt	Bremen
DESC	Buxta	Bremerhaven
DGEO	B. & V. Kranich	Hamburg
DFYT	Cäcilie	Freiburg/Elbe
DJEQ	California	Büsum
DDRJ	California	Bremen
DGEP	Canopus	Hamburg
DGEQ	Capella	Hamburg
DEOC	Capella	Bremerhaven
DJER	Capella	Büsum
DCDI	Capella	Neuharlingersiel
DCDJ	Capella	Westrhauderfehn
DCDK	Capella	Greetsiel
DCTG	Carl	Norderney
DHKH	Carl	Hamburg
DCDL	Carl Fisser	Emden
DACH	Carl J. Busch	Cuxhaven
DJES	Carl Jensen	Kappeln/Schlei
DEOD	Carl Lauerwald	Bremerhaven
DGER	Carl Rehder	Hamburg-Altona
DJSA	Carl Sifferlien	Eckernförde
DCDM	Carl Thiele	Emden
DAPN	Carl Wilkens	Hamburg
DHGH	Carla	Hamburg
DGES	Carlshütte	Hamburg
DHFU	Carlshütte IV	Hamburg
DJET	Carmen-Silva	Husum
DCDN	Caroline	Flensburg
DCLB	Caroline	Langeoog
DAMJ	Carsten Janssen	Bremerhaven
DKCC	Casablanca	Lübeck
DDNC	Castor	Bremen
DJSF	Castor	Kiel
DJNW	Castor	Kiel
DFVE	Catharina	Abbenfleth
DGET	Catharina	Hamburg-Altenwerder
DGEU	Catharina	Hamburg-Finkenwerder
DIRM	Catharina	Brunsbüttelkoog
DGEV	Catharina	Hamburg-Altenwerder
DGEW	Cato	Hamburg
DJEU	Catrina	Friedrichstadt
DGEX	C. A. Woldmann	Hamburg-Finkenwerder
DACI	Celle	Cuxhaven
DDRQ	Centaur	Bremen
DJSG	Charlotte	Kiel
DGEY	Charlotte	Hamburg
DJWN	Charlotte	Struckkamp/Fehmarn
DGEZ	Charlotte	Hamburg
DJCV	Charlotte Bohl	Flensburg

Unterscheidungssignale	Namen der Schiffe	Heimathafen der Schiffe
DGFA	Charlotte Grappendorf	Hamburg
DHGD	Charlotte Schröder	Hamburg
DCDO	C. H. Metger	Emden
DGFC	C. H. Kreft	Hamburg-Finkenwerder
DGFD	Christa	Hamburg
DJRQ	Christa	Heikendorf
DAMK	Christa	Büsum
DLXQ	Christa — Fle 7	Flensburg
DGFE	Christa Juls	Hamburg
DGFF	Christel	Hamburg
DJAI	Christel	Neustadt/Holstein
DETR	Christel	Bremerhaven
DAOI	Christel	Büsum
DACJ	Christian	Lübeck
DJSC	Christian Jvers	Kiel
DACK	Christian Russ	Hamburg
DCDQ	Christina	Haren/Ems
DEST	Christiana	Bremerhaven
DJEW	Christine	Pellworm
DJAJ	Christine	Wyk/Föhr
DCDR	Christine	Norddeich
DIRN	Christine	Friedrichskoog
DGFG	Christine	Hamburg-Altenwerder
DIRO	Christine	Friedrichskoog
DDIB	Christoph	Brake
DEOE	Chronik	Bremerhaven
DAPC	Cimbria	Hamburg
DKBZ	C. K. 10	Neustadt/Holstein
DKBY	C. K. 11	Neustadt/Holstein
DJVZ	Cläre Grammerstorf	Kiel
DGFH	Clara	Hamburg
DKCL	Clara	Lübeck
DJEX	Clara	Maasholm
DGYO	Clara Blumenfeld	Hamburg
DJVW	Claudius	Rendsburg
DGFI	Claus	Hamburg
DHFA	Claus	Hamburg
DJWO	Claus	Lübeck
DGFJ	Claus	Hamburg
DGFK	Claus	Hamburg
DGFL	Claus Bischoff	Hamburg
DHKD	Claus Böge	Hamburg
DGFM	Claus Erich	Hamburg
DACL	Claus Ebeling	Bremerhaven
DGFN	Claus Johannes	Hamburg
DHIG	Claus Möller	Hamburg
DDND	Columbia	Bremen
DKCU	Columbus	Lübeck
DJEY	Columbus	Pellworm
DKBC	Comet	Neustadt/Holst.
DFVF	Comet	Krautsand
DEOF	Comet	Bremerhaven
DDFN	Concordia	Barssel
DJMF	Concordia	Schleswig
DCDS	Concordia	Norddeich
DJEZ	Concordia	Büsum
DGFO	Condor	Hamburg
DJWP	Condor	Lübeck
DGFP	Condor	Hamburg
DCDT	Condor	Greetsiel
DDFO	Condor	Brake
DFFE	Condor	Cuxhaven
DIRP	Condor	Schulau
DIRQ	Condor	Friedrichskoog
DJFA	Condor	Büsum
DGFQ	Condor	Hamburg
DDFP	Conkorent	Brake
DFVG	Contentia	Bützfleth
DHJS	Cordelia	Hamburg
DJFB	Cormoran	Büsum
DCDV	Cornelia	Warsingsfehn
DCDW	Cornelia	Leer
DGFR	Cornelia	Hamburg
DCDX	Cornelie Wessels	Emden
DGFT	Courier	Hamburg
DAML	Corsar	Hamburg
DACM	C. P. Andersen	Hamburg
DHFR	Cranz	Hamburg
DACO	Crefeld	Hamburg
DFVH	Cremon	Dornbusch
DCDY	Cum Deo	Haren/Ems
DDTM	Crostafels	Bremen
DAMM	Cuxhaven	Cuxhaven
DFVI	Daheim	Krautsand
DACP	Dalälfven	Hamburg
DDNE	Dankwart	Bremen
DJFC	Danzig	Büsum
DAHK	Danzig	Cuxhaven
DACQ	Danzig	Kiel
DDAJ	Dauens	Bremen
DCDZ	Dede	Leer
DACU	D. Dreesmann-Penning	Emden
DACS	Delaware	Bremerhaven
DDNF	Delphin	Bremen
DCEA	Delphin	Greetsiel
DCEB	Delphin	Neuharlingersiel
DCEC	Delphin	Norddeich
DIRR	Delphin	Dieksanderkoog
DHKF	Delphin	Hamburg
DACR	Delphin	Hamburg
DDAK	Delphin	Wilhelmshaven
DGFV	Delphin II	Hamburg
DGFW	Delphin III	Hamburg
DGFX	Delphin IV	Hamburg

Unterscheidungssignale	Namen der Schiffe	Heimathafen der Schiffe
DGFZ	Derfflinger	Hamburg
DAMN	Detmold	Cuxhaven
DGGA	Deutschland	Hamburg
DJWR	Deutschland	Haffkrug
DCED	Dia Aubel	Emden
DGGB	Diamant	Hamburg-Finkenwerder
DIRS	Diamant	Friedrichskoog
DAMO	Diana	Bremen
DGGC	Diana	Hamburg
DFFF	Diana	Otterndorf
DCEE	Diana	Terborg/Ems
DJFD	Diana	Büsum
DDKD	Diana	Eckwardersiel
DGGD	Dide	Hamburg
DGGE	Die Liebe	Kiel
DDFQ	Dietrich Ahrens	Brake
DDKP	Dietrich Oldendorff	Lübeck
DCEF	Diedrich Siemering	Warsingsfehn
DCEG	Dina	Warsingsfehn
DFFG	Direktor Lincke	Cuxhaven
DJWS	Direktor Zirkel	Lübeck-Travemünde
DDNG	Dirk	Bremerhaven
DCEH	Dirk Siemering	Emden
DJFF	Dithmarschen	Büsum
DJBA	Dörte	Flensburg
DCEI	Dollart	Greetsiel
DJFG	Dolly Schlömer	Büsum
DIRT	Donar	Glückstadt
DERO	Dora	Bremerhaven
DGGF	Dora	Hamburg
DGGG	Dora	Hamburg
DJWT	Dora	Burg/Fehmarn
DDFR	Dora	Fedderwardersiel
DDJU	Dora	Nordenham
DFFH	Dora	Dorum
DFYP	Dora	Assel
DIRU	Dora	Friedrichskoog
DJNX	Dora	Laboe
DJNY	Dora	Kiel
DFVK	Dora	Dornbusch
DGGH	Dora	Hamburg
DGGI	Dora Ahrens	Hamburg
DJAK	Doris	Flensburg
DJSI	Doris	Kiel
DGGJ	Dorotea	Hamburg
DIRV	Dorothea	Dieksanderkoog
DCUD	Dorothea	Haren/Ems
DJFH	Dorothea	Büsum
DCEJ	Dorothea	Emden
DJNZ	Dorothea	Kiel
DGGK	Dorothea	Hamburg
DGGL	Dorothea	Hamburg
DCEK	Dorothea Siemering	Warsingsfehn
DHFF	Dorothea Weber	Hamburg
DKBE	Dorthe Oldendorff	Lübeck
DCEL	Dortmund	Emden
DAMP	Dradenau	Hamburg-Finkenwerder
DCEM	Dr. Eichelbaum	Neuharlingersiel
DAOF	Dr. Eichelbaum	Emden
DCEN	Drei Gebrüder	Greetsiel
DGGM	Drochtersen	Hamburg-Finkenwerder
DJSL	Duburg	Kiel
DACW	Drossel	Bremen
DIRX	Düneck	Uetersen
DACX	Düsseldorf	Hamburg
DGGN	Düsseldorf	Hamburg-Finkenwerder
DAMQ	Düsseldorf	Cuxhaven
DGGO	Ebba	Hamburg
DCEO	Ebenezer	Neuharlingersiel
DDFS	Ebenezer	Brake
DGGP	Eben Ezer	Hamburg-Finkenwerder
DIRY	Ebenezer	Friedrichskoog
DDFT	Ebenezer	Brake
DAPA	Eberhart Essberger	Hamburg
DJSS	Ecke 81	Eckernförde
DAMR	Eckernförde	Kiel
DJOC	Eckholt	Eckernförde
DDAL	Eckwarden	Wilhelmshaven
DHHP	Edelgard	Hamburg
DFVL	Edelweiß	Krautsand
DCTE	Edelweiß	Neuharlingersiel
DCEP	Edelweiß	Greetsiel
DCEQ	Edelweiß	Norddeich
DFFI	Edelweiß	Helgoland
DFFJ	Edelweiß	Otterndorf
DJFI	Edelweiß	Husum
DJWU	Edelweiß	Neustadt
DGGQ	Edith	Hamburg
DCUA	Edith	Papenburg
DJCM	Edith	Flensburg
DFFK	Edith	Cuxhaven
DFFL	Edith	Cuxhaven
DJWV	Edith	Lübeck-Travemünde
DJWW	Edith	Lübeck-Travemünde
DJOD	Edith Becker	Rendsburg
DDAM	Edo Meyer	Varelerhafen
DDNI	Edward	Bremen-Vegesack
DKCG	Eduard	Lübeck
DGGR	Egerland	Hamburg
DIXL	Eggert Karstens	Büsum

Unterscheidungssignale	Namen der Schiffe	Heimathafen der Schiffe
DGGS	Eginhard	Hamburg
DFFM	Eiche	Cuxhaven
DJFJ	Eider	Süderstapel
DACY	Eifel	Bremerhaven
DCER	Einigkeit	Westrhauderfehn
DCES	Eintracht	Greetsiel
DGGT	E. Kummer	Kiel
DFFO	Elbbutt	Cuxhaven
DGGU	Elbe	Hamburg
DGGV	Elbe	Hamburg
DJXC	Elbe	Neustadt
DGGY	Elbe	Hamburg
DGGX	Elbe	Hamburg
DAOG	Elbe	Emden
DJFK	Elbing	Büsum
DJWX	Elbing II	Lübeck
DJWY	Elbing IV	Lübeck
DESB	Elbing V	Bremerhaven
DJWZ	Elbing VII	Lübeck
DJXA	Elbing VIII	Lübeck
DJXB	Elbing X	Lübeck
DGHA	Elenore	Hamburg
DGHB	Eleonore	Hamburg
DIRL	Eleonore	Uetersen
DDDM	Elfe	Wilhelmshaven
DDAN	Elfriede	Wremen
DEOH	Elfriede	Bremerhaven
DIRZ	Elfriede	Neufeld
DISA	Elfriede	Friedrichskoog
DCET	Elfriede	Leer
DJTS	Elfriede	Kiel
DACZ	Elin	Bremen
DGHC	Elisabeth	Hamburg
DGHD	Elisabeth	Hamburg
DCTB	Elisabeth	Leer
DDKK	Elisabeth	Barssel
DCEU	Elisabeth	Haren/Ems
DFVM	Elisabeth	Wischhafen
DCEV	Elisabeth	Rhaudermoor
DCEW	Elisabeth	Greetsiel
DFFP	Elisabeth	Dorum
DDKJ	Elisabeth	Brake
DGHF	Elisabeth	Hamburg-Altenwerder
DJOE	Elisabeth	Schilksee-Strande
DHHH	Elisabeth Arlt	Bremen
DJOJ	Elisabeth Entz.	Rendsburg
DIXJ	Elisabeth Bröker	Schulau
DDKB	Elise	Elsfleth
DISB	Elise	Dieksanderkoog
DCEX	Elise	Norddeich
DCST	Elise	Ditzum
DJFL	Elise	Büsum
DCEY	Elise	Haren/Ems
DFVN	Elise	Abbenfleth
DGHG	Elise	Hamburg

Unterscheidungssignale	Namen der Schiffe	Heimathafen der Schiffe
DCSV	Elise Schulte	Emden
DCUN	Eliza Nübel	Emden
DJFM	Elke	Husum
DDAO	Elke	Wilhelmshaven
DFVO	Ella	Bützfleth
DGHH	Ella	Hamburg
DCEZ	Ella	Leer
DJFN	Ella	Tönning
DJFO	Ella	Tönning
DHHJ	Ella Feldmann	Hamburg
DGHI	Ellen	Hamburg
DADD	Ellen	Hamburg-Finkenwerder
DGHJ	Ellen	Hamburg
DJDJ	Ellerbek	Kiel
DCFB	Elli	Ostrhauderfehn
DFFQ	Elli	Dorum
DGVB	Elli	Hamburg
DFFR	Elli	Cuxhaven
DJFP	Elli	Büsum
DJLA	Elsa	Maasholm
DGHK	Elsa	Hamburg
DJFQ	Elsa	Husum
DDAP	Elsa	Wremen
DDFU	Elsbeth	Großensiel
DADA	Elsbeth Bartels	Cuxhaven
DCFC	Else	Rhaudermoor
DFFS	Else	Dorum
DFFT	Else	Cuxhaven
DISC	Else	Neufeld
DJFR	Else	Husum
DJMC	Else	Büsum
DJXD	Else	Heiligenhafen
DCFD	Else	Emden
DEOI	Else Marie	Bremerhaven
DFVP	Else Marie	Dornbusch
DADC	Else Wilhelms	Hamburg
DDNK	Elsfleth	Bremen
DGHL	Elster	Hamburg
DCFE	Elternsegen	Haren/Ems
DGHM	Emanuel	Hamburg
DGHN	Emanuel	Hamburg
DDNL	Emanuel II	Bremen
DGHO	Emden	Hamburg
DCFF	Emden	Emden
DJOF	Emil	Kiel
DGHP	Emil	Hamburg
DGHQ	Emma	Hamburg
DGHR	Emma	Hamburg
DGHS	Emma	Hamburg
DGHT	Emma	Hamburg
DGHU	Emma	Hamburg
DAMT	Emma	Hamburg-Finkenwerder
DGHV	Emma	Hamburg-Altenwerder
DGHW	Emma	Hamburg-Altenwerder

Unterscheidungssignale	Namen der Schiffe	Heimathafen der Schiffe
DJXE	Emma	Lübeck-Travemünde
DISD	Emma	Friedrichskoog
DFVQ	Emma	Krautsand
DEOJ	Emma	Bremerhaven
DGHX	Emma	Hamburg
DGHY	Emma Diercks	Hamburg
DJOG	Emma Dorothea	Schilksee-Strande
DGHZ	Emma Irene	Hamburg
DISE	Emma Johanna	Uetersen
DGIA	Emma Louise	Hamburg
DGIB	Emma Lucie	Hamburg
DGIC	Emma Oltmann	Hamburg
DHEX	Emma Sauber	Hamburg
DJXF	Emmi	Niendorf
DIXC	Emmi	Dieksanderkoog
DJSN	Emmi	Laboe
DFFU	Emmi	Cuxhaven
DEOK	Emmy	Bremerhaven
DCFG	Ems	Haren/Ems
DCFH	Ems	Borkum
DCFI	Ems	Rhaudermoor
DCFJ	Ems	Greetsiel
DCUE	Ems IV	Leer
DADE	Emsgatt	Hamburg
DCFK	Emsland	Haren/Ems
DHEY	Emsriff	Hamburg
DCFL	Emsstrom	Haren/Ems
DADF	Enak	Hamburg
DGID	Energie	Hamburg
DCFM	Engelbert	Haren/Ems
DADG	Ente	Hamburg
DDNM	Ente	Bremen-Vegesack
DGIE	Enz	Hamburg
DCFN	Eos	Haren/Ems
DFVR	Erato	Stade
DGIF	Erich	Hamburg
DJFS	Erich	Tönning
DGIH	Erich	Hamburg
DJXG	Erika	Neustadt
DJAQ	Erika	Flensburg
DCFO	Erika	Leer
DGII	Erika	Hamburg
DESK	Erinnerung	Bremerhaven
DCFP	Erna	Warsingsfehn
DKCI	Erna	Lübeck
DDTJ	Erna	Bremen
DJXH	Erna	Lübeck
DIWW	Erna	Elmshorn
DGIJ	Erna	Hamburg
DGIK	Erna	Hamburg
DHGN	Erna	Hamburg
DISF	Erna	Dieksanderkoog
DDFV	Erna	Brake
DISG	Erna	Friedrichskoog
DCFQ	Erna	Nesmersiel

Unterscheidungssignale	Namen der Schiffe	Heimathafen der Schiffe
DGIL	Erna Elisabeth	Hamburg
DGIM	Erna Marie	Hamburg
DGIN	Erna Meyer	Hamburg
DGIO	Erni	Hamburg
DGIP	Ernst	Hamburg
DFFW	Ernst	Cuxhaven
DJFT	Ernst	Büsum
DGIS	Ernst August	Hamburg
DADH	Ernst-Edmund	Hamburg
DADI	Ernst Flohr	Cuxhaven
DISH	Ernst Heinrich	Moorege
DAMU	Ernst Gröschel	Bremerhaven
DADM	Ernst Schweckendieck	Emden
DISI	Ernte	Neufeld/Dithm.
DHFV	E. Russ	Hamburg
DGIT	Erwin	Hamburg
DJFU	Erwin	Büsum
DGIU	Erwin	Hamburg
DADL	Eschenburg	Lübeck
DCTO	E. S. I. 1	Neuharlingersiel
DCTP	E. S. I. 2	Neuharlingersiel
DCTQ	E. S. I. 3	Neuharlingersiel
DDGV	Esriel	Hamburg
DADN	Essen	Emden
DADO	Essen	Bremerhaven
DGIW	Esso 60	Hamburg
DHJG	Esso Baltic	Hamburg
DHGM	Este	Hamburg
DADP	Este	Bremerhaven
DGIX	Estetal	Hamburg
DJCK	Esther	Flensburg
DGIZ	Euroland	Hamburg
DHHD	Europa	Hamburg
DJXI	Europa	Niendorf
DFFX	Eva	Cuxhaven
DEOL	Eva	Bremerhaven
DGAV	Eversand	Bremen
DGJA	Ewald Ehlert	Hamburg
DCFR	Exelsior	Holte
DHKN	Fairplay I	Hamburg
DGJC	Fairplay II	Hamburg
DGJE	Fairplay IV	Hamburg
DHEM	Fairplay V	Hamburg
DGJF	Fairplay VI	Hamburg
DADQ	Fairplay VII	Hamburg
DGJG	Fairplay VIII	Hamburg
DGJH	Fairplay IX	Hamburg
DGJI	Fairplay X	Hamburg
DGJJ	Fairplay XI	Hamburg
DGJK	Fairplay XII	Hamburg
DGJL	Fairplay XIII	Hamburg
DAMV	Fairplay XIV	Hamburg
DGJM	Fairplay XVI	Hamburg
DHKM	Fairplay XIX	Hamburg

Unterscheidungs-signale	Namen der Schiffe	Heimathafen der Schiffe
DISJ	Fahrewohl	Friedrichskoog
DISK	Fahrewohl	Neufeld
DGJO	Falke	Hamburg
DKBS	Falke	Lübeck-Travemünde
DDTR	Falke	Bremen
DJOH	Falke	Rendsburg
DJFV	Falke	Büsum
DISL	Falke	Schulau
DFFY	Falke	Cuxhaven
DEOM	Falke	Bremerhaven
DDFW	Falke	Burhaversiel
DCFS	Falke	Neuharlingersiel
DCFT	Falke	Greetsiel
DGJP	Falke	Hamburg
DGRV	Falke	Lübeck
DHJJ	Falkenberg	Hamburg
DGJQ	Falkenstein	Hamburg
DGJR	Fanto XVIII	Hamburg
DDNN	Fasan	Bremen-Vegesack
DDRA	Fasan	Bremen
DDNO	Fasolt	Bremen-Vegesack
DDRD	Fauna	Bremen
DJXK	Fehmarn	Burg/Fehmarn
DJOI	Fehmarn	Kiel
DJSO	Felsen	Eckernförde
DDNP	Feronia	Bremen
DJFW	Feuerland	Büsum
DADR	Feuerland	Büsum
DAPD	Fidamus	Bremen
DCFU	Fides	Bensersiel
DDNQ	Fides	Bremen
DDNR	Fido	Bremen
DGJS	Fiducia	Hamburg
DDNS	Fink	Bremen-Vegesack
DGJT	Finkwarder	Hamburg
DADS	Finkenwärder	Hamburg
DGJU	Fischland	Hamburg
DFLQ	Fladengrund	Cuxhaven
DESR	Fladengrund	Bremerhaven
DJAN	Fle 32	Flensburg
DJAO	Fle 47	Flensburg
DJCT	Flensau	Flensburg
DADT	Flensburg	Hamburg
DJQU	Flensburg	Kiel
DDNT	Flink	Bremen
DCFV	Flott	Greetsiel
DGJW	Flottweg	Hamburg
DGJX	F. M. Harmstorf	Hamburg
DEON	Fock u. Hubert	Bremerhaven
DJAR	Föhr-Amrum	Wyk/Föhr
DJAS	Föhr-Dagebüll	Wyk/Föhr
DCFW	Foline	Warsingsfehn
DCFX	Folt Wilhelm	Borkum

Unterscheidungs-signale	Namen der Schiffe	Heimathafen der Schiffe
DJAT	Forelle	Flensburg
DKCT	Forelle	Burgstaaken
DJFX	Forelle	Büsum
DFFZ	Forelle	Cuxhaven
DEOO	Forelle	Bremerhaven
DFGA	Forst	Cuxhaven
DDJY	Fortschritt	Nordenham
DDNU	Fortuna	Bremen
DETN	Fortuna	Bremerhaven
DISM	Fortuna	Glückstadt
DDAQ	Fortuna	Rüstersiel
DDDB	Fortuna	Wilhelmshaven
DDDD	Fortuna	Varelerhafen
DGJY	Fortuna	Hamburg
DGJZ	Fortuna	Brunsbüttelkoog
DGKA	Fortuna	Hamburg
DGKB	Fortuna	Hamburg
DCFY	Fortuna	Warsingsfehn
DCFZ	Fortuna	Rhaudermoor
DGKC	Fortuna	Hamburg
DGKD	Fortuna	Hamburg
DCGA	Fortuna	Emden
DJXM	Fortuna	Neustadt
DJFY	Fortuna	Büsum
DISN	Fortuna	Friedrichskoog
DFGB	Fortuna	Cuxhaven
DFGC	Fortuna	Dorum
DCGB	Fortuna	Greetsiel
DJRF	Fortuna	Heikendorf
DCGC	Fortuna I	Spiekeroog
DFLA	Franken	Cuxhaven
DFYM	Frankfurt	Stade
DERR	Frankfurt/Main	Bremerhaven
DADV	Franz	Bremerhaven
DCUU	Franz	Haren/Ems
DFGE	Franz	Cuxhaven
DGKE	Franz Holm	Hamburg
DAMW	Franz Jürgen	Kiel
DHKY	Franz Mathies	Hamburg
DDFX	Franz Ohlrogge	Brake
DADU	Franz Schau	Bremerhaven
DAOU	Franz Thiele	Emden
DADX	Franz Westermann	Bremerhaven
DCGD	Franziska	Haren/Ems
DGKF	Franziska	Hamburg
DGKG	Franziska	Hamburg
DEOP	Franziska	Bremerhaven
DADW	Franziska	Schulau
DHEO	Franziska Joerk	Bremerhaven
DCGE	Frauke	Greetsiel
DADY	Frauke	Leer
DDAR	Frauke	Hooksiel
DCGF	Frauke	Warsingsfehn
DISO	Freia	Friedrichskoog
DGKH	Freia	Hamburg
DGKI	Freia	Hamburg-Finkenwerder

Unterscheidungssignale	Namen der Schiffe	Heimathafen
DGKJ	Freia	Hamburg-Finkenwerder
DFLO	Freiburg i. Br.	Cuxhaven
DKCV	Freiheit	Neustadt/Holst.
DGKK	Freiherr vom Stein	Hamburg
DJRR	Freundschaft	Laboe
DCGG	Freya	Dornumersiel
DDFY	Freya	Fedderwardersiel
DEOQ	Freya	Bremerhaven
DCGH	Freya	Oldersum
DGKL	Frida	Hamburg
DGKM	Fridmariwalt	Hamburg
DJTE	Frie 2	Friedrichsort
DJSH	Frie 4	Friedrichsort
DGKN	Frieda	Hamburg
DGKO	Frieda	Hamburg
DGKP	Frieda	Hamburg
DGKQ	Frieda	Hamburg
DGKR	Frieda	Hamburg
DFVS	Frieda	Dornbusch
DGKS	Frieda	Hamburg
DDNV	Frieda	Brem.-Vegesack
DJFZ	Frieda	Büsum
DJGA	Frieda	Büsum
DJGB	Frieda	Büsum
DIWX	Frieda	Elmshorn
DFYX	Frieda	Gräpel
DFZB	Frieda	Barnkrug
DISP	Frieda	Dieksanderkoog
DISQ	Frieda	Schulau
DFGF	Frieda	Cuxhaven
DFYQ	Frieda	Bützfleth
DDFZ	Frieda	Brake
DCGI	Frieda	Greetsiel
DGKT	Frieda	Rendsburg
DGKU	Frieda	Hamburg
DISS	Frieda	Neufeld
DFVT	Frieda Elisabeth	Wischhafen
DGFU	Frieda Jonas	Hamburg
DDGA	Frieda Luise	Dedesdorf
DCUB	Frieda-Luise	Greetsiel
DGKV	Frieda Mariechen	Hamburg
DDSV	Frieda Morgenrot	Bremen
DISR	Friede	Dieksanderkoog
DEOR	Friedel	Bremerhaven
DHGL	Friedel	Hamburg
DHJQ	Frieden	Hamburg
DDGB	Frieden	Brake
DJXN	Friederike	Burgstaaken
DIST	Friedo	Friedrichskoog
DFYZ	Friedrich	Hechthausen
DDGC	Friedrich-August	Oldenburg
DCGJ	Friedrich Brons	Emden
DGKW	Friedrich Campsen	Hamburg
DGKX	Friedrich Kahl	Hamburg
DGKY	Friedr. Wilhelm	Hamburg

Unterscheidungssignale	Namen der Schiffe	Heimathafen
DJOK	Friedrichsort	Kiel
DDGD	Friesenland	Brake
DJRN	Friesenland	Emden
DDAS	Friesland	Wangerooge
DJGC	Friesland	Ording
DJCN	Friesland	Wyk/Föhr
DDAT	Friesland	Wilhelmshaven
DAPI	Frigga	Hamburg
DISU	Frija	Glückstadt
DJSQ	Frisch Auf	Eckernförde
DJGD	Frischauf	Büsum
DEOS	Frisia	Bremerhaven
DDAU	Frisia	Hooksiel
DJAU	Frisia	Wyk/Föhr
DCTF	Frisia	Leer
DCGK	Frisia I	Norderney
DCGL	Frisia II	Norderney
DCGM	Frisia III	Norderney
DCGN	Frisia V	Norderney
DCGO	Frisia VI	Norderney
DCGP	Frisia VII	Norderney
DCGQ	Frisia IX	Norderney
DCGR	Frisia X	Norderney
DCGT	Frisia XIV	Norderney
DCGU	Frisia XV	Norderney
DGJN	Fritz	Hamburg
DFVU	Fritz-Alfred II	Krautsand
DFGG	Fritz Hermann	Dorum
DAEA	Fritz Homann	Bremerhaven
DHIP	Fritz Hugo Stinnes	Hamburg
DGKZ	Fritz Reuter	Kiel
DGLA	Fritz Schindler	Hamburg
DGLB	Fritz Vollmers	Hamburg
DFGH	Fritz Walter	Cuxhaven
DCGV	Fünf Gebrüder	Ditzum
DJGE	Fürchtenicht	Büsum
DJGF	Fürchtenicht	Tönning
DJQR	Gaarden	Kiel
DDGE	Garneele	Waddensersiel
DJXO	Gazelle	Lübeck
DGLC	Gebrüder	Hamburg
DJFE	Gebrüder	Warverort
DGLD	Gebrüder	Hamburg
DJLK	Gebrüder	Büsum
DFGI	Gebrüder	Otterndorf
DDGF	Gebrüder	Nordenham
DGGW	Gebrüder	Neuharlingersiel
DCGX	Gebrüder	Carolinensiel
DAEB	Gebrüder Kähler	Bremerhaven
DETI	Gebr. Meyer	Bremerhaven
DGGY	Geen Tied	Greetsiel
DGGZ	Geeske	Varelerhafen
DDAV	Geeske	Varelerhafen
DADZ	Geeste	Bremerhaven
DDRB	Geestemünde	Bremen
DGLE	Geheimrat Koenigs	Hamburg

Unterscheidungssignale	Namen der Schiffe	Heimathafen der Schiffe
DDNW	Geier	Bremen-Vegesack
DDSO	Geier	Bremen
DGLF	Gemeinschaft	Hamburg
DHGA	Genius	Hamburg
DCHA	Georg	Haren/Ems
DDGG	Georg	Brake
DJOL	Georg	Kiel
DJGG	Georg-Hinrich	Büsum
DEOU	Gerd	Bremerhaven
DCHB	Gerda	Westrhauderfehn
DDGH	Gerda	Brake
DGLG	Gerda	Hamburg
DDNX	Gerda	Bremen-Vegesack
DJXP	Gerda	Niendorf
DJAW	Gerda	List
DEOV	Gerda	Bremerhaven
DFGJ	Gerda	Cuxhaven
DGLH	Gerda II	Hamburg
DGLI	Gerda-Luise	Hamburg
DGLJ	Gerda Waller	Hamburg
DGLK	Gerfried	Hamburg
DCHC	Gerhard	Haren/Ems
DFGK	Gerhard	Geversdorf
DCHD	Gerhardine	Borkum
DCHE	Germania	Rhaudermoor
DETC	Germania	Bremerhaven
DDNY	Germania	Bremen
DJGH	Germania	Büsum
DFGL	Germania	Dorum
DGLM	Gertha	Hamburg
DGLN	Gertrud	Hamburg
DGLO	Gertrud	Hamburg
DCHF	Gertrud	Haren/Ems
DGLP	Gertrud	Hamburg
DGLQ	Gertrud	Cranz/Elbe
DGLR	Gertrud	Hamburg
DHFT	Gertrud	Hamburg
DJXQ	Gertrud	Lübeck-Travemünde
DFGM	Gertrud	Cuxhaven
DISV	Gertrud	Cuxhaven
DFGN	Gertrud	Neuhaus
DFGO	Gertrud	Cuxhaven
DAMX	Gertrud	Leer
DGLS	Gertrud II	Hamburg
DJGI	Gertrud Helene	Husum
DGLT	Gertrud Ulle	Hamburg
DKDB	Gertrud Schliewen	Lübeck
DISW	Gesa	Glückstadt
DGLU	Gesche	Hamburg
DCHG	Geschwisterliebe	Haren/Ems
DCHH	Gesina	Haren/Ems
DGLV	Gesine	Hamburg
DCHI	Gesine	Ostgroßefehn
DHET	Gesine	Hamburg-Finkenwerder
DCHL	Gesine	Leer
DCHM	Gesine	Oldersum
DDTN	Geversdorf	Bremen
DCHN	G. F. Zimmermann	Emden
DEOW	Gier	Bremerhaven
DAEC	Gisela	Hamburg
DGLW	Gisela	Glückstadt
DAED	Gisela Oldendorff	Lübeck
DHFW	Gisela Russ	Hamburg
DJGJ	Giserda	Tönning
DFGP	Gitta	Otterndorf
DEOX	Glattesee	Bremerhaven
DEOY	Gladiator	Bremerhaven
DCTN	Glaube	Neuharlingersiel
DGLX	Gloria	Hamburg
DDNZ	Glück-Auf	Bremen
DAEE	Glückauf	Bremen
DCHO	Glückauf	Haren/Ems
DAEF	Glückauf	Cuxhaven
DGLY	Glückauf	Hamburg
DHKG	Glückauf	Hamburg
DKDI	Glückauf	Heiligenhafen
DJXR	Glückauf	Lübeck-Travemünde
DJRJ	Glückauf	Eckernförde
DJSX	Glücksburg	Kiel
DGLZ	Glücksstern	Hamburg-Finkenwerder
DDAW	Gnom	Bremen
DGMA	Goden Wind	Hamburg-Finkenwerder
DGMB	Götaälv	Hamburg
DKCA	Goldelse	Rendsburg
DAEG	Goliath	Hamburg
DGMC	Golm	Hamburg
DCHP	Gondel	Westeraccumersiel
DAMY	Gonzenheim	Bremen
DCHQ	Goode Wind	Norderney
DGMD	Gorch Fock	Hamburg
DDGI	Gorch Fock	Burhaversiel
DJXS	Gorch Fock	Grömitz
DGME	Gorch Fock	Hamburg-Finkenwerder
DJGK	Gorch Fock	Büsum
DFGQ	Gorch Fock	Cuxhaven
DCHR	Gorch Fock	Neuharlingersiel
DGMF	Gossi	Hamburg
DJXT	Goth 2	Lübeck-Gothmund
DJXU	Goth 8	Gothmund
DKDE	Gothmund	Gothmund
DAEH	Gotland	Cuxhaven
DCHS	Gott mit uns	Haren/Ems

Unterscheidungssignale	Namen der Schiffe	Heimathafen der Schiffe
DKCH	Granada	Lübeck
DGMG	Grauerort	Hamburg
DAEI	Greif	Lübeck
DGMH	Greif	Hamburg
DDTF	Greiffenfels	Bremen
DGMI	Greifswald	Hamburg
DGMJ	Greta	Hamburg
DGMK	Greta	Hamburg
DCHT	Greta	Haren/Ems
DDOA	Gretchen	Bremen
DFLH	Gretchen	Otterndorf
DGML	Gretchen	Hamburg
DGMM	Gretchen	Hamburg
DIWZ	Gretchen Vollmers	Uetersen
DHHO	Gretchen von Allwörden	Hamburg
DCTY	Grete	Emden
DGMN	Grete	Hamburg
DIWQ	Grete	Friedrichskoog
DGMO	Grete	Hamburg
DGMP	Grete	Hamburg
DJAX	Grete	Flensburg
DDGJ	Grete	Brake
DGMQ	Grete	Hamburg
DFVW	Grete	Krautsand
DDGK	Grete	Brake
DGMR	Grete	Hamburg-Finkenwerder
DJGL	Grete	Tönning
DISX	Grete	Neufeld
DISY	Grete	Brunsbüttelkoog
DFGR	Grete	Cuxhaven
DFGS	Grete	Dorum
DFGT	Grete	Dorum
DDTH	Grete Büscher	Bremen
DJST	Grete-Herta	Möltenort
DJXV	Gretel	Gothmund
DJYT	Gretel	Lübeck-Travemünde
DFGU	Gretel	Altenbruch
DGMS	Gretl	Hamburg
DGMT	Griep	Hamburg
DJXW	Griep to	Großenbrode
DDSI	Griesheim	Bremen
DJXX	Gro 29	Großenbrode
DESM	Grönland	Bremerhaven
DAEK	Grönorth	Kiel
DCHU	Groß-Friedrichsburg	Borkum
DAEJ	Großer Kurfürst	Emden
DDOB	Grundhai	Bremen
DDGL	Grüß Gott	Fedderwardersiel
DGMV	Gudrun	Hamburg
DGMW	Gudrun V	Hamburg
DGMX	Gudwin	Hamburg
DJGM	Günter	Büsum
DFVX	Günter	Wischhafen

Unterscheidungssignale	Namen der Schiffe	Heimathafen der Schiffe
DGMY	Günther	Hamburg
DJAY	Günther III	Flensburg
DHHL	Günther Hartmann	Hamburg
DAUS	Gulosenfjord	Bremen
DFVY	Gunda von Stade	Stade
DEOZ	Gunter	Bremerhaven
DDCC	Gunther	Bremen-Vegesack
DFGV	Guschi	Cuxhaven
DJGN	Gustav	Pellworm
DGNA	Gustav Adolf	Hamburg
DAEL	Gustav Borgner	Bremerhaven
DJAZ	Habicht	Flensburg
DDSC	Habicht	Bremen
DJXY	Habicht	Lübeck-Travemünde
DDOD	Habicht	Bremen-Vegesack
DANA	Haga	Hamburg
DDOE	Hagen	Bremen-Vegesack
DJYB	Hai	Niendorf
DAEM	Halberstadt	Cuxhaven
DGNB	Halmstad	Hamburg
DGNC	Hamburg	Hamburg
DHGZ	Hamburg	Hamburg
DGND	Hamburg	Hamburg
DGNE	Hanna	Hamburg
DGNF	Hanna	Hamburg
DAEO	Hanna	Leer
DJGO	Hanna	Tönning
DIXB	Hanna	Friedrichskoog
DJGP	Hanna	Husum
DJXZ	Hanna-Frieda	Heiligenhafen
DGNG	Hannchen Allers	Hamburg
DGNH	Hannchen Camper	Hamburg-Finkenwerder
DDDG	Hanne	Wilhelmshaven
DETK	Hanne	Bremerhaven
DCHV	Hanne	Spetzerfehn
DCUI	Hanne	Westrhauderfehn
DCHW	Hanne-Lise	Neuharlingersiel
DDGM	Hannelore	Brake
DDGN	Hanni	Fedderwardersiel
DGNI	Hannover	Hamburg
DAEQ	Hannover	Bremen-Vegesack
DGNJ	Hans	Hamburg
DDTG	Hans	Bremen
DGNK	Hans	Hamburg
DCHX	Hans	Haren/Ems
DFVZ	Hans	Krautsand
DHFL	Hans	Hamburg
DGNL	Hans	Hamburg
DGNM	Hans	Hamburg
DGNN	Hans	Hamburg

Unterscheidungssignale	Namen der Schiffe	Heimathafen der Schiffe
DISZ	Hans	Neufeld
DFGW	Hans	Cuxhaven
DDGO	Hans	Brake
DGNO	Hans Albert	Hamburg
DAES	Hans Böckler	Bremerhaven
DGAY	Hans Bornhofen	Hamburg
DGNP	Hans-Carl	Hamburg
DFGX	Hans Friedrich	Otterndorf
DDGP	Hans-Georg	Elsfleth
DCHY	Hans-Grete	Ostrhauderfehn
DGNQ	Hans Günther	Hamburg
DJOM	Hans-Helmut	Schilksee-Strande
DDGQ	Hans Germann	Brake
DHGQ	Hans Hermann	Hamburg
DJGR	Hans-Hermann	Büsum
DGNR	Hans Hinrich	Hamburg
DGNS	Hans Hinrich	Hamburg
DAET	Hans-Hinrich	Hamburg-Finkenwerder
DGNT	Hans Hoth	Hamburg
DJON	Hans Johann	Rendsburg
DGNU	Hans Jürgen	Hamburg
DESY	Hans Kunkel	Bremerhaven
DGNV	Hans-Otto	Hamburg
DGNW	Hans und Grete	Hamburg
DESX	Hans vom Hoff	Bremerhaven
DGNX	Hans Voss	Hamburg
DGNY	Hans Werner	Hamburg
DAER	Hansa	Cuxhaven
DAEZ	Hansa VI	Bremen
DAFJ	Hanseat	Bremerhaven
DHIH	Hanseat	Hamburg
DGNZ	Hanseat	Hamburg
DGOA	Hansine	Hamburg
DAEU	Haparanda	Hamburg
DEPA	Harald	Bremerhaven
DJSD	Harald Ivers	Kiel
DHHY	Harald Schröder	Hamburg
DHJW	Harriet Siedler	Hamburg
DDSE	Harle	Bremen
DGOB	Harle	Hamburg
DCIA	Harold	Varelerhafen
DGOC	Hartwig	Hamburg
DAFP	Harvestehude	Hamburg
DCIB	Hayo	Leer
DAEV	H. C. Nibbe	Hamburg-Finkenwerder
DGOE	Hebe	Hamburg
DCSX	Hebefahrzeug IV	Emden
DDAX	Hebelina	Borkum
DDGR	Hecht	Brake
DDRH	Heddernheim	Bremen
DGOF	Hedi	Hamburg
DJGS	Hedi Engels	Büsum
DGOG	Hedwig	Hamburg
DJYC	Hedwig	Lübeck-Travemünde
DJRX	Hedwig Elisabeth	Heikendorf
DJBB	Hedwig Pannbacker	Flensburg
DJSV	Hei 30	Möltenort
DJVU	Hei 47	Heikendorf
DJOP	Hei 400	Heikendorf
DJSW	Hei 404	Möltenort
DGOH	Heidberg	Hamburg
DAEW	Heidelberg	Lübeck
DAEX	Heidelberg	Hamburg
DDGS	Heidina	Barßelermoor
DFGY	Heike	Altenbruch
DEPB	Heike	Bremerhaven
DJSY	Heikendorf	Kiel
DJSL	Heikendorf	Rendsburg
DDAY	Heiko	Varelerhafen
DGOI	Heimat	Hamburg
DCTL	Heimat	Norderney
DGOJ	Heimat	Hamburg
DCIC	Heimat	Haren/Ems
DITA	Heimat	Glückstadt
DJYD	Heimat	Schlutup
DJYE	Heimat	Niendorf
DJOQ	Heimat	Kiel
DJYF	Heimat	Neustadt
DJRZ	Heimatland	Eckernförde
DJGT	Heimatland	Husum
DGOK	Heimatland	Hamburg
DJGU	Heimbringer	Pellworm
DGOL	Heimkehr	Hamburg
DCTI	Heimkehr	Cuxhaven
DCID	Heimkehr	Emden
DJML	Heimkehr	Husum
DGOM	Heimkehr	Hamburg
DJYG	Heimkehr	Großenbrode
DFGZ	Heimkehr	Cuxhaven
DIXI	Heimkehr	Friedrichskoog
DGON	Heimwärts	Hamburg
DJTA	Kiel	Kiel
DJYH	Hein-Erich	Gothmund
DGOP	Hein Godenwind	Hamburg
DDAZ	Hein Godenwind	Rüstersiel
DFWB	Heini	Hamburg
DDGT	Heinrich	Barssel
DGOR	Heinrich	Cranz
DJOR	Heinrich	Kiel
DFWC	Heinrich	Dornbusch
DAFA	Heinrich Baumgarten	Bremerhaven
DGOS	Heinrich Block	Hamburg
DCIE	Heinrich Brons	Emden
DESZ	Heinrich Bueren	Bremerhaven
DJGV	Heinrich Christian	Husum
DHJR	Heinr. Colsmann	Hamburg

Unterscheidungssignale	Namen der Schiffe	Heimathafen der Schiffe
DCIF	Heinrich Elfring	Haren/Ems
DAFB	Heinrich Fröhlke	Bremerhaven
DCIG	Heinrich Kappelhoff	Emden
DAFD	Heinrich Niemitz	Bremerhaven
DAFE	Heinrich Schulte	Emden
DCUW	Heinrich Schulte	Emden
DCIH	Heinz	Haren/Ems
DGOT	Heinz	Hamburg
DITB	Heinz	Brunsbüttelkoog
DGOU	Heinz Brey	Hamburg
DGOV	Heinz Helmut	Hamburg
DDJN	Heinz-Herbert	Brake
DCII	Heinz Otto	Haren/Ems
DGOW	Heinz Schriewer	Hamburg
DDKF	Heinz-Werner	Absersiel
DKDM	Hela	Lübeck-Travemünde
DGOX	Helene	Hamburg
DDGU	Helene	Brake
DGOY	Helene	Hamburg
DJYI	Helene	Burg/Fehmarn
DDGV	Helene	Elsfleth
DJGQ	Helene	Pellworm
DDSJ	Helene	Bremen
DDGW	Helene	Nordenham
DITC	Helene	Seester
DJGW	Helene	Pellworm
DJGX	Helene	Husum
DGOZ	Helene	Hamburg-Altenwerder
DGPA	Helene	Hamburg-Altenwerder
DJYJ	Helene	Lübeck-Travemünde
DGPB	Helene	Hamburg
DCIJ	Helene II	Haren/Ems
DDBA	Helene-Auguste	Wilhelmshaven
DFHA	Helene Caecilia	Cuxhaven
DDBB	Helene Margarete	Wilhelmshaven
DAFF	Helene Russ	Hamburg
DGPC	Helga	Hamburg
DGPD	Helga	Hamburg-Finkenwerder
DIWV	Helga	Meldorf
DGPE	Helga	Hamburg
DGPF	Helga	Hamburg
DERZ	Helga	Bremerhaven
DAFG	Helga Schröder	Hamburg
DITE	Helgo	Friedrichskoog
DCTC	Helgoland	Westrhauderfehn
DCIL	Helgoland	Emden
DAFI	Helgoland	Kiel
DAFH	Helgoland	Bremerhaven
DJTC	Helgoland	Kiel

Unterscheidungssignale	Namen der Schiffe	Heimathafen der Schiffe
DJYK	Helgoland	Lübeck
DHFK	Helgoland	Hamburg
DGPG	Helios	Hamburg
DFWD	Helios	Stade
DGPH	Hellmuth	Hamburg
DAOW	Helmi Söhle	Bremerhaven
DGPJ	Helmut	Büsum
DJGY	Helmut	Büsum
DHEV	Helmut	Hamburg
DGPK	Helmut	Hamburg
DGPI	Helmuth	Hamburg
DGPL	Hendrika	Neufeld
DCTU	Hendrik Fisser	Emden
DDSB	Hengst	Bremen
DJOS	Henni	Rendsburg
DDGX	Henny	Großensiel
DCIM	Henny	Warsingsfehn
DJGZ	Henny	Büsum
DDSS	Henriette Charlotte	Bremen
DIXD	Henry	Friedrichskoog
DHEU	Henry Böge	Hamburg
DAFK	Henry Everling	Bremerhaven
DGPM	Henry Six	Hamburg-Altenwerder
DJYL	Herbert	Emden
DGPN	Herbert	Hamburg
DJVV	Herbert	Rendsburg
DGPO	Herbert	Hamburg
DJHA	Herbert	Büsum
DCIO	Herm.	Haren/Ems
DGPQ	Herma	Hamburg
DCIP	Hermangela	Haren/Ems
DCSW	Hermann	Haren/Ems
DCTR	Hermann	Emden
DJYM	Hermann	Lübeck
DGPR	Hermann	Hamburg
DGPS	Hermann	Hamburg
DGPT	Hermann	Hamburg
DCUO	Hermann	Haren/Ems
DDGY	Hermann	Barssel
DKBJ	Hermann	Neustadt/Holstein
DAFL	Hermann Bösch	Bremerhaven
DCAQ	Hermann Günther	Duisburg
DHGB	Hermann Hans	Hamburg
DJOT	Hermann Kirsch	Rendsburg
DAOV	Hermann Leymann	Bremerhaven
DCUQ	Hermann Schulte	Emden
DAFM	Hermann Siebert	Bremerhaven
DITF	Herm. Fischer	Glückstadt
DAPK	Hermann Fritzen	Emden

Unterscheidungssignale	Namen der Schiffe	Heimathafen der Schiffe
DGPU	Hermine	Hamburg
DCIQ	Hermine	Haren/Ems
DJBC	Hermine	Wyk/Föhr
DCIR	Hermine	Leer
DESL	Hermine	Bremerhaven
DAPJ	Hermod	Hamburg
DGPV	Hernia	Hamburg
DAFN	Hernösand	Hamburg
DAFO	Heros	Hamburg
DGPW	Heros	Hamburg
DGPX	Herta	Neuenfelde
DJHB	Herta	Arnis
DCIS	Herta	Ostrhauderfehn
DEPC	Herta II	Bremerhaven
DGPY	Hertha	Hamburg
DJMI	Hertha	Büsum
DGPZ	Hertha	Hamburg
DGQA	Hertha	Hamburg
DJOU	Hertha	Kiel
DJOV	Hertha	Kiel
DFHC	Hertha	Cuxhaven
DEPD	Hertha	Bremerhaven
DEPE	Herzogin Ingeborg	Bremerhaven
DCIT	Hertha Johanne	Bremerhaven
DDSK	Hessen	Bremen-Vegesack
DFPF	Hever	Bremerhaven
DGOD	H. Fock	Hamburg
DGQB	Hiev	Hamburg
DJOW	Hilda	Kiel
DJHC	Hilda	Büsum
DGQC	Hilda	Hamburg-Finkenwerder
DGQD	Hilda	Hamburg-Harburg
DHKE	Hilda-Rebecka	Hamburg
DCIU	Hildburg	Leer
DDGZ	Hilde	Großensiel
DKBU	Hilde	Lübeck
DCIV	Hilde	Leer
DCIW	Hilde	Norddeich
DCIY	Hilde-Gertrud	Borkum
DGQE	Hilde Loop	Hamburg-Finkenwerder
DCIX	Hildegard	Westeraccumersiel
DETD	Hildegard	Bremerhaven
DDHA	Hildegard	Brake
DIXF	Hildegard Bülow	Kollmar/Holstein
DJHD	Hildegard-Marie	Husum
DGQF	Hilligenlei	Bremen
DCIZ	Hinderk Looden	Greetsiel
DDOF	Hindina	Bremen
DJOX	Hinrich	Kiel
DGQG	Hinrich Kiehn	Hamburg
DGQH	Hinrich Peters	Hamburg
DAFQ	Hinrich Wesselhöft	Bremerhaven
DGQI	Hinrich Wilhelm	Hamburg
DCJA	Hinerika	Norddeich
DANB	Hjeltefjord	Bremerhaven
DEPG	H. Klopp	Bremerhaven
DAFR	H. M. Behrens	Hamburg
DDBC	H. Meyer	Varelerhafen
DFKX	Hochsee I	Cuxhaven
DAFU	Hörnum	Munkmarsch/Sylt
DCJB	Hoffnung	Rhaudermoor
DFWE	Hoffnung	Königreich
DGQJ	Hoffnung	Hamburg
DDHB	Hoffnung	Brake
DFWF	Hoffnung	Stade
DFWG	Hoffnung	Wischhafen
DCJC	Hoffnung	Warsingsfehn
DDHC	Hoffnung	Fedderwardersiel
DDJW	Hoffnung	Brake
DFHE	Hoffnung	Dorum
DEPH	Hoffnung	Travemünde
DJHE	Hoffnung	Tönning
DJHF	Hoffnung	Büsum
DJOY	Hoffnung	Stein
DANC	Hoffnung	Hamburg-Finkenwerder
DKCF	Hoffnung	Neustadt/Holst.
DCBS	Hoffnung	Oldersum
DCJE	Hoffnung	Carolinensiel
DGQK	Hoffnung	Hamburg
DJOZ	Hoh 11	Hohwacht
DJTD	Hoh 21	Hohwacht
DCJF	Hohenzollern	Norddeich
DAFS	Hoheweg	Bremerhaven
DGQL	Hoher Weg	Hamburg
DJPA	Hohwacht	Kiel
DJYN	Holl Fast	Großenbrode
DJPB	Holsatia	Kiel
DJPC	Holsatia	Kiel
DDSX	Holstein	Bremen-Vegesack
DITG	Holstein	Uetersen
DDCZ	Holstein	Schulau
DGQM	Holstein	Hamburg-Finkenwerder
DJHG	Holstein	Büsum
DJPD	Holtenau	Kiel
DITH	Hooge	Dieksanderkoog
DFLB	Hornsriff	Bremerhaven
DJRM	Horst	Strande
DEPI	Horst Wilh.	Bremerhaven
DHFJ	Hub	Hamburg
DJCE	Hubert	Langballigholz
DHFO	Hubert Schröder	Hamburg
DFHG	Hüxter	Cuxhaven
DGQN	Hugbert	Hamburg
DJPE	Hugo	Laboe

Unterscheidungssignale	Namen der Schiffe	Heimathafen der Schiffe
DHHW	Hugo	Hamburg
DAFT	Hugo Homann	Bremerhaven
DKDT	Hugo Oldendorff	Lübeck
DGQO	Hummel	Hamburg
DDSM	Hundseck	Bremen
DDHD	Hunte	Oldenburg
DGQP	Husumer Koje	Hamburg
DJLN	Hubertus	Büsum
DAFV	Ibis	Bremen
DGQQ	Ida	Hamburg
DFWH	Ida	Krautsand
DDHE	Ida	Barssel
DITI	Ida Joerk	Hamburg
DCJG	Iduna	Haren/Ems
DDHF	Iduna	Brake
DDBD	Iduna	Varelerhafen
DJHH	Iduna	Büsum
DITJ	Iduna	Kaiser-Wilhelms-Koog
DEPJ	Iduna	Bremerhaven
DDHG	Iduna	Fedderwardersiel
DDTT	Industria	Bremen
DJPF	Ilse	Kiel
DFHH	Ilse	Cuxhaven
DITK	Ilse-Elfriede	Friedrichskoog
DCJI	Iltis	Emden
DGQS	Immanuel	Hamburg
DCJJ	Immanuel	Holterfehn
DJHI	Imperator	Büsum
DAFW	Imsum	Bremen
DITL	Ina	Friedrichskoog
DDDR	Ina	Rüstersiel
DDSG	India	Bremen
DGQT	Inge	Rendsburg
DJKJ	Inge	Nordstrand
DFHI	Inge	Otterndorf
DITM	Inge	Neufeld
DJRY	Inge	Kiel-Friedrichsort
DJHJ	Inge	Büsum
DJVY	Inge	Laboe
DKDA	Ingeborg	Niendorf/Ostsee
DHES	Ingeborg	Hamburg
DDHH	Ingeborg	Oldenburg
DERP	Ingeborg	Bremerhaven
DGQU	Ingeborg	Hamburg
DGQW	Ingeborg	Hamburg
DGQX	Ingeborg III	Hamburg
DDHI	Ingemarie	Brake
DAFX	Inge-Marie	Hamburg
DITM	Ingerta	Hamburg
DJTI	Ingo	Kiel
DDRK	Ingorata	Bremen
DJPG	Ingrid	Kiel
DFHJ	Ingrid	Otterndorf
DJHK	Ingrid	Büsum
DJYO	Ingrid	Travemünde
DGJD	Ingrid	Hamburg

Unterscheidungssignale	Namen der Schiffe	Heimathafen der Schiffe
DESF	Ingrid Breuers	Bremerhaven
DFHK	Insulaner	Helgoland
DCJK	Insulaner	Norderney
DDOG	Irak	Bremen
DDSF	Iran	Bremen
DGQY	Irene	Hamburg
DGQZ	Irene	Hamburg-Finkenwerder
DDBE	Irene	Varelerhafen
DGRA	Irene Kiehn	Hamburg
DKCB	Irene Oldendorff	Lübeck
DGRB	Irene Schöning	Hamburg
DDHJ	Irjo	Brake
DEPK	Iris	Bremerhaven
DJYP	Irjo X	Travemünde
DFWI	Irma	Gauensiek
DGRC	Irma-Marie	Hamburg
DGRD	Irma Rolf	Hamburg
DGRE	Irmgard	Hamburg
DFHL	Irmgard	Cuxhaven
DJBE	Irmgard	Amrum
DJHL	Irmgard	Husum
DITO	Irmgard	Haseldorf
DGRF	Irmgard	Hamburg
DGRG	Isar	Hamburg
DDOH	Isenbert	Bremen
DAND	Island	Kiel
DESN	Island	Bremerhaven
DCJL	Jacoba	Greetsiel
DGRH	Jacobus	Hamburg
DCUP	Jacobus Fritzen	Emden
DDBF	Jade II	Wilhelmshaven
DDBG	Jade	Wilhelmshaven
DANE	Jambo	Hamburg
DDBH	Jan	Varelerhafen
DEPM	Jan-Bumann	Bremerhaven
DEPN	Jan Grieb	Bremerhaven
DDKG	Jan Hein	Brake
DAFY	Jan Hubert	Hamburg
DJCY	Jan Meeder	Flensburg
DEPO	Jan von Gent	Bremerhaven
DDBI	Jan Waalke	Varelerhafen
DAFZ	Jane	Cuxhaven
DCJM	Janna	Greetsiel
DFHM	Jans	Cuxhaven
DCJN	Jantje	Borkum
DGRJ	Jason	Cuxhaven
DGRK	J. C. Wriede	Hamburg-Finkenwerder
DJPI	Jenny	Eckernförde
DFHN	Jens	Cuxhaven
DGRL	Jessica	Hamburg
DDOI	Jever	Bremen-Vegesack
DAGA	Jeverland	Bremerhaven
DDDP	J. Kengelbach	Varel
DEPP	Jochen	Bremerhaven
DAGB	Jochen Homann	Bremerhaven

Unterscheidungssignale	Namen der Schiffe	Heimathafen der Schiffe
DJBS	Jörn	Flensburg
DGRM	Johann	Cranz/Elbe
DDJZ	Johann	Nordenham
DDHK	Johann	Oldenburg
DDHL	Johann	Barssel
DFHO	Johann	Oberndorf
DJRS	Johann Böhnke	Strande
DCJO	Johann Georg	Emden
DCJP	Johann Hermann	Haren/Ems
DJHM	Hohann-Hinrich	Büsum
DFHP	Johann-Hinrich	Cuxhaven
DCUG	Johann Schulte	Emden
DCJQ	Johann Wessels	Emden
DCJR	Johann Wessels	Emden
DDHM	Johanna	Brake
DGRN	Johanna	Hamburg
DGRO	Johanna	Hamburg
DCJS	Johanna	Borkum
DGRP	Johanna	Hamburg
DCJT	Johanna	Warsingsfehn
DFYO	Johanna	Freiburg
DFWJ	Johanna	Gauensiek
DFYL	Johanna	Wischhafen
DGRQ	Johanna	Hamburg
DCJU	Johanna	Greetsiel
DITP	Johanna	Seesteraudeich
DITQ	Johanna	Friedrichskoog
DJYQ	Johanna	Burgstaaken
DGRR	Johanna	Hamburg-Finkenwerder
DGRS	Johanna Höge	Hamburg
DCJV	Johanne	Haren/Ems
DFWK	Johanne	Neuland/Kehd.
DFYV	Johanne	Grünendeich
DFWL	Johanne	Bützfleth
DFWM	Johanne	Mühlenhafen
DGRT	Johanne	Hamburg
DGRU	Johanne	Hamburg
DDBJ	Johanne	Varelerhafen
DCJW	Johanne	Carolinensiel
DCJX	Johanne	Friedrichsschleuse
DCJY	Johanne	Neuharlingersiel
DGRW	Johanne Becker	Hamburg
DGRX	Johannes	Hamburg
DFYW	Johannes	Estebrügge
DCJZ	Johannes	Haren/Ems
DGRY	Johannes	Hamburg
DGRZ	Johannes	Hamburg
DCKA	Johannes	Norddeich
DDHN	Johannes	Nordenham
DFHQ	Johannes	Cuxhaven
DFWN	Johannes Emil	Krautsand
DHFS	Johannes Friedrich	Hamburg
DGSA	Johannes Matthies	Hamburg
DGSB	Joh. Westphal	Hamburg
DGSC	Johannes II	Hamburg
DGSD	John	Hamburg
DFWO	John Friedrich	Krautsand
DGSE	John Rehder	Hamburg
DAGC	Johs. Klatte	Bremerhaven
DHJT	Jonny	Hamburg
DKDQ	Jonny II	Heiligenhafen
DGSF	Jonni Wilhelmine	Hamburg
DCKB	Jop	Haren/Ems
DANF	Josef Bodden	Kiel
DAOJ	Josephine Ess	Bremerhaven
DAGE	Jümme	Bremerhaven
DJCF	Jürgen	Wyk/Föhr
DFZD	Jürgen	Stade
DFLD	Jürgen Dieter	Cuxhaven
DCKC	Jürgen Fritzen	Hamburg
DDBK	Juist	Bremerhaven
DJBR	Jul	Wyk/Föhr
DGSH	Juliane	Hamburg
DCKD	Juliane	Greetsiel
DCKE	Juliane	Greetsiel
DJYR	Julianna	Lübeck
DJHN	Julie	Pellworm
DAGF	Julius Fock	Hamburg
DAGG	Julius Rütgers	Hamburg
DHHB	Jul. Pickenpack	Hamburg
DGSI	Jung Dietrich	Kiel
DGSJ	Junior	Hamburg
DDOJ	Juno	Bremen
DCKF	Jupiter	Warsingsfehn
DJCW	Jupiter	Flensburg
DDOK	Jupiter	Bremen
DCKG	Jupiter	Petkum
DAGH	Jupiter	Hamburg
DFWP	Jupiter	Freiburg/Elbe
DDHO	Jupiter	Fedderwardersiel
DGSK	Justizia	Hamburg
DGSL	Jutta	Hamburg
DGSM	Jutta	Hamburg
DKDU	Jutta Schliewen	Lübeck
DFWQ	Käte	Neuenfelde
DGSN	Käte	Hamburg
DGSO	Käte	Hamburg
DITS	Käte	Seesteraudeich
DGSW	Käte Danckers	Hamburg
DJNR	Käte Grammerstorf	Kiel
DGSP	Käte Hamm	Hamburg
DGSQ	Käte Oltmann	Hamburg
DHKO	Käthe	Hamburg
DGSR	Käthe	Hamburg
DFWR	Käthe	Bremervörde
DGSS	Käthe	Hamburg
DGST	Käthe	Hamburg-Finkenwerder
DDDH	Käthe	Wilhelmshaven
DGSU	Käthe	Hamburg-Altenwerder

Unter-scheidungs-signale	Namen der Schiffe	Heimathafen der Schiffe
DITR	Käthe	Friedrichskoog
DGSV	Käthe Block	Hamburg
DJBF	Käthe Marie	Amrum
DHIE	Käthe-Marie	Hamburg
DGSX	Käthe Ritscher	Hamburg
DITT	Käthe Theunert	Uetersen
DCKH	Kaiser Wilhelm	Emden
DGSY	Kamerad	Hamburg
DAGI	Kap Kanin	Bremerhaven
DGSZ	Kaptaube	Hamburg
DHJP	Kapt. Wilh. Joerk	Hamburg
DJVQ	Karin	Heikendorf
DJPJ	Karin	Kiel
DCTT	Karin	Greetsiel
DITU	Karin	Neufeld
DFWS	Karin	Wischhafen
DEPR	Karin I	Bremerhaven
DITV	Karin II	Friedrichskoog
DGTA	Karl	Hamburg
DGTB	Karl	Hamburg
DDHP	Karl	Oldenburg
DCUR	Karl	Haren/Ems
DCKJ	Karl	Neuharlingersiel
DDJV	Karl	Bremen
DAGJ	Karl Bergh	Hamburg
DANG	Karl Fock	Hamburg-Finkenwerder
DJBH	Karl Friedrich	Wyk/Föhr
DDHQ	Karl Georg	Brake
DDBL	Karl Heinz	Emden
DIWR	Karl-Heinz	Friedrichskoog
DDBM	Karl Heinz	Wremen
DJHO	Karl-Heinz	Kappeln/Schlei
DJRL	Karl-Heinz	Strande
DGTC	Karl Jochen	Hamburg-Finkenwerder
DGTD	Karla	Burg/Fehmarn
DDHR	Karla Baake	Brake
DEPS	Karoline	Bremerhaven
DANH	Karlsburg	Bremerhaven
DFLN	Karlsruhe	Cuxhaven
DGTE	Kastor	Hamburg
DGTF	Katerine	Hamburg-Finkenwerder
DDFM	Katharina	Strohausen
DJPK	Katharina	Kiel
DCKK	Katharina	Haren/Ems
DGTG	Katharina	Hamburg
DFWT	Katharina	Mühlenhafen
DFHR	Katharina-Auguste	Cuxhaven
DCKL	Katharina Elisabeth	Juist
DHIT	Katja	Hamburg
DGTH	Kattegat	Hamburg-Finkenwerder
DJYS	Kattsund	Lübeck

Unter-scheidungs-signale	Namen der Schiffe	Heimathafen der Schiffe
DITW	Keen Tid	Dieksanderkoog
DFHS	Keen Tied	Cuxhaven
DFHT	Keen Tied	Dorum
DGTI	Kehdingen	Hamburg
DGTJ	Kehdingen	Hamburg
DCKP	Kehrewieder	Greetsiel
DCKN	Kehrewieder	Ihlowerfehn
DCKQ	Kehrewieder I	Norden
DCKR	Kehrewieder II	Westeraccumersiel
DFHW	Kehrewieder II	Dorum
DFKT	Kehre-Wieder	Cuxhaven
DCKM	Kehrheim	Greetsiel
DAGL	Kehrwieder	Büsum
DJTL	Kehrwieder	Kiel
DITX	Kehrwieder	Burg i. Dithm.
DFWU	Kehrwieder	Wischhafen
DKDF	Kehrwieder	Großenbrode
DCKO	Kehrwieder	Ostrhauderfehn
DJHP	Kehrwieder	Büsum
DDBN	Kehrwieder	Hooksiel
DDBO	Kehrwieder	Wilhelmshaven
DITY	Kehrwieder	Seester
DFHU	Kehrwieder	Otterndorf
DFHV	Kehrwieder	Dorum
DGTK	Kehrwieder II	Hamburg
DHJN	Keitum	Hamburg
DJVS	Kiel 30	Kiel
DANI	Kiel	Kiel
DCKS	Kiel	Westeraccumersiel
DHII	Kilwa	Hamburg
DANJ	King Bosco	Langeoog
DJTM	Kitzeberg	Kiel
DFHX	Klara	Cuxhaven
DCKT	Klara Katharina	Greetsiel
DJYU	Klaus	Niendorf
DDBP	Klaus Günter	Wilhelmshaven
DJHR	Klaus Groth	Büsum
DKCS	Klaus Oldendorff	Lübeck
DHFH	Klaus Wilhelm	Hamburg
DFHY	Knurrhahn	Cuxhaven
DFKV	Koblenz	Cuxhaven
DGTM	Königsberg	Hamburg
DCKU	Königsberg	Emden
DJHS	Königsberg	Büsum
DAGM	Kolberg	Lübeck
DJYV	Kolberg	Lübeck
DDOL	Kolibri	Bremen-Vegesack
DDSA	Kolibri	Bremen
DJHT	Komet	Büsum
DJTO	Kondor	Kiel
DGTN	Kondor	Hamburg
DDOM	Kondor	Bremen-Vegesack
DCDU	Kondor	Norddeich

Unter-scheidungs-signale	Namen der Schiffe	Heimathafen	Unter-scheidungs-signale	Namen der Schiffe	Heimathafen
DCKV	Konkordia	Haren/Ems	DCLH	Lena	Haren/Ems
DJHU	Konrad	Büsum	DCLI	Lena	Haren/Ems
DAGN	Konsul Dubbers.	Bremerhaven	DCLJ	Lena Katharina.	Haren/Ems
DCSH	Konsul Schulte	Emden	DCLK	Lene	Leer
DESE	Koopmann Bohn	Bremerhaven	DIUA	Lene	Friedrichskoog
DHKR	Kormoran	Hamburg	DDHS	Lene	Brake
DCKW	Kornhaus IV	Emden	DGTV	Lene Reinhold	Hamburg
DFHZ	Krabbe	Cuxhaven	*DAGQ*	Leo Fürbringer	Emden
DHEI	Kranbock I	Hamburg	DJHY	Leonore	Pellworm
DDON	Kranich	Bremen-Vegesack	DJHZ	Leonore-Johanna	Büsum
DKCN	Kranich	Lübeck-Travemünde	DDBQ	Leonore-Johanne	Ditzum
DJTP	Kreih	Neumühlen/Kiel	DHGT	Leopard	Hamburg
DAGO	Kriemhild	Lübeck	DDOO	Lerche	Bremen-Vegesack
DJRB	Kronsberg	Kiel	DGTW	Libau	Hamburg
DJHV	Kroo 11	Maasholm	DGTX	Libelle	Hamburg
DJRP	Kronsort	Eckernförde	DDQX	Libelle	Bremen
DFIA	Kugelbake	Cuxhaven	DJBI	Libelle	Flensburg
DAOT	Kurefjord	Bremen	DJMD	Libelle	Büsum
DAGP	Kurland	Bremerhaven	DCLL	Liberté	Greetsiel
DGTO	Kurt	Hamburg	DDBR	Liebe	Rüstersiel
DJHW	Kurt	Büsum	DGTY	Liesbeth	Hamburg
DGTP	Kurt Both	Hamburg	DCLM	Liesbeth	Haren/Ems
DJPL	Kurt Willi	Laboe	DJPN	Liesbeth	Laboe
DJVT	Lab 7	Laboe	DCLN	Liesbeth-Grete	Haren/Ems
DJTQ	Lab 41	Laboe	DFKY	Liesel Denker	Cuxhaven
DJTT	Lab 62	Laboe	DKDO	Lieselotte	Heiligenhafen
DJTU	Lab 111	Laboe	DCLO	Lilie	Norden
DJPM	Laboe	Kiel	DIUB	Lilli	Friedrichskoog
DAPH	Lacklan	Hamburg	DJIA	Lilli	Büsum
DJCP	Lan 22	Langballigau	DHGU	Lilli-Hilda-Johanna	Hamburg
DJCU	Lan 30 Charlotte	Langballigau	DDHT	Lilly	Brake
DGTQ	Landkirchen	Hamburg	DGTZ	Lilly	Hamburg
DGTR	LandratHelferich	Hamburg Altenwerder	DCUF	Lilo	Leer
DGTS	Landrath Küster	Hamburg Finkenwerder	DGUA	Lily	Hamburg
DGTT	Langenberg — Rhld.	Hamburg	DJBJ	Lina	Amrum
DCKX	Langeoog	Emden	DCLP	Lina	Westrhauder-fehn
DCKY	Langeoog I	Langeoog	DGUB	Line Hinsch	Hamburg
DCKZ	Langeoog II	Langeoog	DCLQ	Liny	Greetsiel
DGED	Langeoog III	Langeoog	DGUC	Lisa	Hamburg
DCLA	Langeoog IV	Langeoog	DGUD	Lisa	Hamburg
DCSL	Langeoog VI	Langeoog	DGUE	Lisa	Hamburg
DAGS	Lappland	Bremerhaven	DGUF	Lisa	Hamburg-Finkenwerder
DAOK	Lark	Bremerhaven	DFWV	Lisa	Gauensiek
DAGR	Latona	Bremen	DFYI	Lisa	Krautsand
DAGT	Lauting	Kiel	*DAGV*	Lisa Essberger	Hamburg
DCLC	Laurenz	Haren/Ems	DGUG	Lisa Oltmann	Hamburg
DCLD	Lauria	Haren/Ems	DFIB	Lisel	Cuxhaven
DAGU	Leda	Bremen	DGUH	Liselotte	Hamburg
DGTU	Leda	Hamburg	*DHIU*	Lisken	Hamburg
DCLE	Leda	Leer	DJYW	Lissy	Flensburg
DCLF	Leda	Borkum	DDRR	Löwe	Bremen
DCLG	Leer	Emden	*DAGW*	Lofoten	Bremerhaven
DITZ	Lena	Cuxhaven	DJYX	Lore	Lübeck-Travemünde

Unter-scheidungs-signale	Namen der Schiffe	Heimathafen der Schiffe
DJIB	Loreley	Büsum
DGUI	Lothar	Hamburg
DEPU	Lotte	Bremerhaven
DIUC	Lotti	Friedrichskoog
DEPV	Louise	Bremerhaven
DGUJ	Louise Schupp.	Hamburg
DCLT	L. Ruyl	Emden
DKCP	Luba	Lübeck-Schlutup
DJYY	Lubeca	Lübeck-Schlutup
DJIC	Lucia	Kiel
DIUE	Lucia	Friedrichskoog
DFIC	Lucie	Cuxhaven
DKBK	Lucie	Niendorf
DHGJ	Lucy Essberger	Hamburg
DAGY	Ludwig	Bremerhaven
DJPO	Ludwig	Kiel
DJPP	Ludwig	Kiel
DJID	Ludwig	Büsum
DDOP	Ludwig Friederich	Bremen
DERS	Ludwig Janssen	Bremerhaven
DAGZ	Ludwig Sanders	Bremerhaven
DAGX	Lübbe Hartmann	Leer
DCTD	Lübeck	Emden
DAHA	Lübeck	Bremerhaven
DKCK	Lübeck	Lübeck
DJYZ	Lübeck	Lübeck-Schlutup
DCLR	Lübbert	Haren/Ems
DGUL	Lühe	Hamburg
DHJO	Lühesand	Hamburg
DAHB	Lützow	Bremerhaven
DIUD	Luise	Neufeld
DGUM	Luise	Hamburg
DGUN	Luise	Hamburg
DCLS	Luise	Westrhauderfehn
DDOQ	Luise	Bremen-Vegesack
DDHU	Luise Bergmann	Brake
DHKX	Luise Bornhofen	Hamburg
DGUO	Luise Raabe	Flensburg
DGZI	Luise Weitert	Hamburg
DDHV	Luki	Nordenham
DJRD	Lydia	Laboe
DHKV	Lystum	Hamburg
DEQC	M 374	Bremerhaven
DJKT	Maa 22	Maasholm
DJME	Maa 33	Maasholm
DJPQ	Madoc	Kiel
DGUV	Magaretha	Hamburg
DFWW	Magda	Krautsand
DGUP	Magdalena	Hamburg
DJBK	Magdalena	Munkmarsch/Sylt
DGAG	Magdalene	Rendsburg
DGUQ	Magdalene	Hamburg-Altenwerder
DDTI	Magdalene Vinnen	Bremen
DEPW	Magnet	Bremerhaven
DGUR	Magret-Inge	Hamburg
DAHC	Main	Bremerhaven
DAHD	Mainz	Bremerhaven
DGUS	Maja	Hamburg
DJSM	M. Joerk	Kiel
DEPX	Makrele	Bremerhaven
DJRH	Mamsell	Kiel
DHEH	Mangan	Hamburg
DANK	Mannheim	Bremerhaven
DAHE	Marburg	Bremerhaven
DJIE	Mareile	Kappeln/Schlei
DGUT	Marga	Hamburg
DDBS	Margarete	Wremen
DKDG	Margarete	Lübeck
DETE	Margarete Elisabeth	Bremerhaven
DJIF	Margaretha	Büsum
DGVD	Margaretha	Hamburg-Finkenwerder
DCLU	Margaretha	Haren/Ems
DGUU	Margaretha	Hamburg
DFWX	Margaretha	Stade
DFWY	Margaretha	Gauensiek
DFWZ	Margaretha	Krautsand
DGUW	Margaretha	Hamburg
DGUX	Margaretha	Hamburg-Altenwerder
DDHW	Margaretha	Fedderwardersiel
DDHX	Margaretha	Brake
DGUY	Margaretha Nibbe	Cranz/Elbe
DGUZ	Margarethe	Hamburg
DDHY	Margarethe	Brake
DGVC	Margarethe	Hamburg-Altenwerder
DIUF	Margarethe	Seester
DDHZ	Margarethe	Brake
DHKK	Margarethe Reckmann	Hamburg
DGVE	Margit	Hamburg-Finkenwerder
DKDH	Margot	Burg/Fehmarn
DCLV	Margreth	Haren/Ems
DFID	Margretha	Geversdorf
DFXA	Margrid	Krautsand
DCLW	Maria	Haren/Ems
DCLX	Maria	Haren/Ems
DGVF	Maria	Hamburg
DGVG	Maria	Hamburg
DDOR	Maria	Elsfleth
DFXB	Maria	Abbenfleth
DDIA	Maria	Barssel
DGVH	Maria	Hamburg

Unterscheidungssignale	Namen der Schiffe	Heimathafen der Schiffe
DGVI	Maria	Hamburg-Altenwerder
DGVJ	Maria	Hamburg-Altenwerder
DJTW	Maria	Kiel
DGVK	Maria	Hamburg-Finkenwerder
DIUG	Maria	Brunsbüttelkoog
DCLY	Maria Christina	Haren/Ems
DFXC	Maria Dorothea	Assel
DCLZ	Maria Elfring	Haren/Ems
DGVL	Maria Elisabeth	Hamburg
DCMA	Maria Elise	Haren/Ems
DJQO	Maria Fr. Joerk	Kiel
DCMB	Maria Gebina	Haren/Ems
DCMC	Maria Helena	Haren/Ems
DCMD	Maria Lina	Haren/Ems
DJPR	Maria Regina	Kiel
DHJY	Maria Schröder	Hamburg
DJRU	Marianne	Kiel
DGVM	Marianne	Hamburg
DAHG	Marianne	Hamburg
DGVN	Marianne	Hamburg
DGVO	Marianne	Hamburg
DGVP	Marianne	Hamburg
DEPY	Marianne	Bremerhaven
DGVR	Marido	Hamburg
DGVS	Marie	Hamburg
DFYU	Marie	Gauensieck
DGVT	Marie	Hamburg
DJZA	Marie	Lübeck
DGVU	Marie	Hamburg
DGVV	Marie	Hamburg
DFXD	Marie	Bützfleth
DFXE	Marie	Ritsch/Kehd.
DFIE	Marie	Cuxhaven
DFIF	Marie	Cuxhaven
DJIG	Marie	Husum
DAHF	Marie	Cuxhaven
DCME	Marie	Leer
DGVW	Marie	Hamburg-Altenwerder
DGVX	Marie	Hamburg-Altenwerder
DJTX	Marie	Eckernförde
DGVY	Marie	Hamburg-Altenwerder
DDBT	Marie	Wremen
DIUI	Marie	Glückstadt
DGJV	Marie Allwardt	Hamburg
DGVQ	Marieanne	Hamburg
DIUJ	Marie-Eleonore	Uetersen
DIUK	Marie Falk	Möltenort
DCMG	Marie Hermine Elise	Ditzum
DGWB	Marie Hilck	Hamburg
DJTZ	Marie-Luise	Strande

Unterscheidungssignale	Namen der Schiffe	Heimathafen der Schiffe
DGWC	Marie-Luise	Lübeck
DJIL	Marie-Luise	Büsum
DJIM	Marie-Luise	Husum
DJIN	Marie-Luise	Pellworm
DAHH	Marienburg	Bremerhaven
DGWD	Marie Schloo	Hamburg-Finkenwerder
DDOS	Marie Schwinge	Bremen
DGWE	Marie Steffens	Hamburg
DJBL	Marie Ursula	Flensburg
DGVZ	Mariechen	Hamburg
DJZB	Mariechen	Heiligenhafen
DGWA	Mariechen	Hamburg
DJIJ	Mariechen	Kappeln/Schlei
DJIK	Mariechen	Maasholm
DCMH	Marinebaurat Schlichting	Norddeich
DGWF	Marion	Hamburg
DFIG	Marion	Cuxhaven
DAHI	Marlene	Hamburg
DESP	Marlies	Bremerhaven
DIXP	Marta	Elmshorn
DIUL	Martha	Friedrichskoog
DGWG	Martha	Hamburg
DGWH	Martha	Hamburg
DJIO	Martha	Süderstapel
DGWI	Martha	Hamburg
DFXF	Martha	Hamburg
DGWJ	Martha	Hamburg
DCMI	Martha	Leer
DEPZ	Martha	Bremerhaven
DDBU	Martha	Hooksiel
DDBV	Martha	Wilhelmshaven
DGWL	Martha	Hamburg-Finkenwerder
DJZC	Martha	Travemünde
DJIP	Martha	Husum
DJIQ	Martha	Büsum
DDBW	Martha VII	Wilhelmshaven
DGWM	Martha Ahrens	Hamburg
DGWN	Martha Christine	Hamburg
DJZD	Martha Geiss	Lübeck
DCTS	Martha Hendrik Fisser	Emden
DHIF	Martha Peters	Hamburg
DHFC	Martha Russ	Hamburg
DGWP	Martha Wolter	Hamburg
DJUA	Martin	Heikendorf
DAOY	Martin Mewes	Hamburg
DAHJ	Martin Schilling	Bremerhaven
DFXG	Mary	Königreich
DGWQ	Mary	Hamburg
DJIR	Mary	Tönning
DJIS	Mary	Husum
DIUM	Mary	Neufeld
DGWR	Matador	Hamburg
DHIN	Matador	Hamburg
DGWS	Matador	Hamburg

Unterscheidungssignale	Namen der Schiffe	Heimathafen der Schiffe
DGWT	Matador II	Hamburg
DDIC	Mathilde	Brake
DGWU	Mathilde	Hamburg
DFXH	Mathilde	Wischhafen
DGWV	Mathilde	Hamburg-Finkenwerder
DJIT	Mathilde	Tönning
DGWW	Matthias	Hamburg
DHJE	MatthiasFöcher	Hamburg
DJUB	Max	Kiel
DGWX	Max	Hamburg
DGWY	Max	Hamburg
DIUN	Max	Schulau
DAHL	Max Brauer	Hamburg
DCMK	Mecheline	Ditzum
DAHM	Meersburg	Bremerhaven
DDBX	Meike	Varelerhaven
DCML	Mein Glück	Greetsiel
DDOT	Meise	Bremen-Vegesack
DDBY	Mellum	Wilhelmshaven
DGWZ	Melpomene	Hamburg
DDSW	Memel	Bremen
DEQA	Memel	Bremerhaven
DCMM	Memel	Emden
DFIH	Memelland	Cuxhaven
DGXA	Memelland	Hamburg
DDOU	Mercur	Bremen
DJIU	Mercur	Emden
DGXB	Meridian	Hamburg
DGXC	Merkur	Hamburg
DFXI	Merkur	Freiburg/Elbe
DJIV	Merkur	Husum
DGXD	Meta	Hamburg
DHFN	Meta	Hamburg
DGXE	Meta	Hamburg
DFII	Meta	Cuxhaven
DGXF	Meta	Hamburg-Finkenwerder
DCMN	Meta	Greetsiel
DCMO	Meta	Neuharlingersiel
DIUO	Meta	Dieksanderkoog
DFXJ	Meta Adele	Gauensiek
DGXG	Meta Buck	Hamburg
DGXH	Meta-Grete	Hamburg
DGXI	Meta Holst	Hamburg-Finkenwerder
DGXJ	Meta Osterwisch	Hamburg
DGXK	Meta Schröder	Hamburg-Finkenwerder
DCMP	Meta Steffens	Neuharlingersiel
DCMQ	Meteor	Aurich
DGXL	Meteor	Hamburg
DGXM	Meteor	Hamburg-Finkenwerder
DJLG	Meteor	Kappeln
DJIX	Meteor	Büsum
DGXN	Methan	Hamburg

Unterscheidungssignale	Namen der Schiffe	Heimathafen der Schiffe
DEQB	Mia	Bremerhaven
DJLL	Mica	Büsum
DHIA	Midgard	Hamburg
DDID	Midgard I	Nordenham
DDIE	Midgard II	Nordenham
DDJO	Midgard III	Nordenham
DDIF	Midgard V	Nordenham
DDIG	Midgard VI	Nordenham
DAHN	Midlum	Bremen
DDOV	Mime	Bremen-Vegesack
DGXO	Mimi	Hamburg
DCMS	Minchen	Haren/Ems
DCMT	Ministerialdirektor Streil	Emden
DAHO	Minerva	Bremen
DGXP	Minna	Hamburg
DFIJ	Minna	Cuxhaven
DGXQ	Minna	Hamburg
DIUP	Minna	Friedrichskoog
DIUQ	Minna	Dieksanderskoog
DFIK	Minna	Cuxhaven
DGXR	Minna Catharina	Hamburg
DGXS	Minna Marie	Hamburg
DHEK	Minna Schupp	Hamburg
DKCR	Mobil	Lübeck
DGXT	Modaag	Kappeln/Schlei
DJUC	Möltenort	Kiel
DJPS	Mönckeberg	Kiel
DJPT	Möve	Heikendorf
DJZE	Möve	Lübeck-Schlutup
DJIY	Möve	Büsum
DCFA	Möve	Norddeich
DFIM	Möve	Otterndorf
DIUR	Möve	Neufeld
DIUS	Möve	Neufeld
DHJD	Möve	Hamburg
DDBZ	Möve	Wremen
DCUH	Möve	Greetsiel
DCMV	Möve	Borkum
DFIL	Möve II	Dorum
DGXU	Möve 4	Hamburg Altenwerder
DCMX	Möwe	Wilhelmshaven
DCMU	Möwe	Bensersiel
DDIH	Möwe	Brake
DJZF	Möwe	Lübeck
DCSZ	Möwe	Norddeich
DCMY	Möwe	Haren/Ems
DCMZ	Möwe	Ostrhauderfehn
DDII	Möwe	Brake
DGXV	Möwe	Hamburg
DJIZ	Möwe	Wöhrden
DJJA	Möwe	Olversum
DDIJ	Möwe	Fedderwardersiel

Unterscheidungssignale	Namen der Schiffe	Heimathafen der Schiffe
DKCM	Möwe	Lübeck-Travemünde
DJUD	Möwe	Neumühlen b. Kiel
DDIK	Möwe	Burhaversiel
DDCA	Möwe	Varelerhafen
DAHP	Möwe	Bremerhaven
DAHQ	Möwe	Hamburg
DJRG	Möwe	Eckernförde
DANL	Mollex IV	Hamburg
DGXW	Mollex III	Hamburg
DANM	Mollex V	Hamburg
DJLJ	Momme Friedrich	Büsum
DGXX	Monica	Lübeck
DDTA	MonikaWiards	Bremen
DHKB	Montan	Hamburg
DCNA	Morgenstern	Neuharlingersiel
DIUT	Morian	Uetersen
DHJZ	Morsum	Hamburg
DLXK	Motorboot der Fa. H. Specht	Bremen
DGXY	Mühlenberg	Hamburg
DHHV	Mülheim/Ruhr	Hamburg
DANN	München	Bremerhaven
DCNB	Münster	Emden
DFLK	Münster	Cuxhaven
DGXZ	Mulli	Hamburg
DIUU	Muschel	Brunsbüttelkoog
DGYA	Muschi	Hamburg-Finkenwerder
DCNC	Mutterliebe	Haren/Ems
DCND	Muttersegen	Haren/Ems
DGYB	Najade	Lübeck
DEQD	Nation	Bremerhaven
DIUV	Nathurn	Glückstadt
DDCB	Nattnäs	Borkum
DDTS	Nautilus	Bremen
DFIN	Nautilus	Dorum
DAHR	N. Ebeling	Bremerhaven
DGYC	Neckar	Hamburg
DERY	Nei-Ut	Wremen
DIUW	Nelson	Friedrichskoog
DCNE	Nelson	Norddeich
DIUY	Neptun	Elmshorn
DETA	Neptun	Bremerhaven
DAHS	Neptun	Bremerhaven
DJJB	Neptun	Büsum
DAHT	Neptun	Hamburg
DCNF	Neptun	Emden
DCUV	Neptun	Borkum
DGYD	Neptunes	Hamburg
DDOW	Nereus	Bremen
DGYE	Nessdiek	Hamburg-Finkenwerder
DANO	Nesshuk	Hamburg-Finkenwerder
DJZI	Neu 31	Neustadt

Unterscheidungssignale	Namen der Schiffe	Heimathafen der Schiffe
DJPU	Neuende	Kiel
DGYF	Neuenfelde	Hamburg
DAHU	Neufähr	Cuxhaven
DAHV	Neumühlen	Hamburg
DJPV	Neumühlen	Kiel
DJTN	Neumünster	Kiel
DJZJ	Neustadt	Neustadt
DKBX	Nie 25	Niendorf
DKBI	Nie 26	Niendorf
DGYG	Niederelbe	Hamburg
DEPQ	Niederelbe	Bremerhaven
DGYH	Niedersachsen	Hamburg
DANP	Niedersachsen	Cuxhaven
DAHW	Niedersachsen	Bremerhaven
DAHX	Nienstedten	Hamburg
DFIO	Nige Oge	Cuxhaven
DAHY	Niobe	Bremen
DGYI	Niobe	Hamburg
DGYJ	Niobe	Hamburg
DAHZ	Nixe	Bremen
DGYK	Nixe	Hamburg
DJPW	Nixe	Möltenort
DDCC	Nixe	Wremen
DJJC	Nixe	Büsum
DGYL	Nobiskrug	Hamburg
DJMH	Nöck	Kappeln/Schlei
DJZK	Nogat	Bremen
DDOX	Nora	Bremen
DFIP	Nordcap	Otterndorf
DAIA	Norden	Hamburg
DCNG	Norden	Norden
DGYM	Norden	Hamburg
DCNH	Nordenham I	Nordenham
DDJP	Nordenham XII	Nordenham
DAIG	Nordenham	Cuxhaven
DGYN	Norderdiek	Hamburg-Finkenwerder
DFXK	Norderelbe	Krautsand
DAIB	Norderney	Hamburg
DCNI	Norderney	Emden
DAIC	Norderney	Hamburg
DJJD	Norderoog	Pellworm
DDOY	Norder Till	Bremen
DEQE	Nordfjord	Bremerhaven
DJBM	Nordfriesland	Wyk/Föhr
DJJE	Nordfriesland	Büsum
DIUZ	Nordfriesland	Glückstadt
DJJF	Nordfriesland	Husum
DEQF	Nordkap	Bremerhaven
DEQG	Nordland	Bremerhaven
DCTA	Nordland	Norddeich
DDCE	Nordlicht	Varel
DCNJ	Nordlicht	Norddeich
DEQH	Nordlicht	Bremerhaven
DFIQ	Nordlicht	Cuxhaven
DAID	Nordlicht	Hamburg
DJLB	Nordlicht	Büsum
DJLQ	Nordlicht	Maasholm

Unterscheidungssignale	Namen der Schiffe	Heimathafen der Schiffe	Unterscheidungssignale	Namen der Schiffe	Heimathafen der Schiffe
DAIE	Nordmark	Lübeck	DDPQ	Nr. 162	Bremen
DJPX	Nordmark	Eckernförde	DDPR	Nr. 163	Bremen
DGYP	Nordmark	Hamburg	DDPT	Nr. 167	Bremen
DAIF	Nordmeer	Hamburg	DDPU	Nr. 168	Bremen
DJSE	Nordmeer	Eckernförde	DDPV	Nr. 169	Bremen
DEQI	Nordmeer	Bremerhaven	DDPW	Nr. 170	Bremen
DEQJ	Nordpol	Bremerhaven	DDPX	Nr. 171	Bremen
DFIR	Nordriff	Cuxhaven	DGYS	Nymphe	Hamburg-Finkenwerder
DECK	Nordsee	Bremerhaven	*DAIJ*	Oberpräsident Delbrück	Hamburg
DIXH	Nordsee	Schulau	*DAOM*	Ocean	Bremerhaven
DCNK	Nordsee	Carolinensiel	DHFB	Oda	Hamburg
DCNL	Nordsee	Greetsiel	DJUG	Oder	Kiel
DJJG	Nordseeluft	Büsum	DGYU	Odermünde	Hamburg
DCNN	Nordstern	Warsingsfehn	*DERV*	Odin	Bremerhaven
DAIH	Nordstern	Bremerhaven	DCNR	Odin	Norddeich
DEQL	Nordstern	Bremen	DJJI	Odin	Büsum
DEQM	Nordstern	Bremerhaven	DCNS	Odin	Flensburg
DDRP	Nordstern	Bremen	DKBH	Odin	Burgstaaken
DGNO	Nordstern	Norddeich	DIVB	Odin	Glückstadt
DCTK	Nordstern	Jemgum	DCNT	Odin	Haren/Ems
DCNQ	Nordstern	Greetsiel	DFIT	Oesterreich	Cuxhaven
DFIS	Nordstern	Otterndorf	DDTO	Oktant	Bremen
DDCF	Nordstern	Dangast	*DALL*	Olbers	Bremen
DGYQ	Nordstern	Hamburg-Finkenwerder	DDIM	Oldenburg	Bremerhaven
DJPY	Nordstern	Eckernförde	DDPY	Oldenburg	Bremen-Vegesack
DJZL	Nordstern	Lübeck-Travemünde	*DAIK*	Oldenburg	Bremerhaven
DJJH	Nordstern	Büsum	DJZM	Oldenburg	Lübeck-Travemünde
DIVA	Nordstern	Dieksanderkoog	DFIU	Ole Larsen	Cuxhaven
DEQN	Nordstrand	Bremerhaven	DFIV	Olendik	Dorum
DHGX	Nordwest	Hamburg	DGYV	Olga	Hamburg
DEQO	Nordwind	Bremerhaven	DGYW	Oliva	Hamburg
DAII	Nürnberg	Lübeck	DJPZ	Oliva	Kiel
DDRT	Nr. 1	Bremen	DESA	Oliva	Bremerhaven
DDRS	Nr. 2	Bremen	DDTL	Onkel Fidi	Bremen-Vegesack
DDRV	Nr. 11	Bremen	DGYX	Orion	Hamburg
DDRX	Nr. 12	Bremen	DJZN	Orion	Hamburg
DDRW	Nr. 13	Bremen	DCNU	Orion	Westrhauderfehn
DDOZ	Nr. 78	Bremen	DIVC	Orion	Burg/Dithm.
DDRU	Nr. 79	Bremen	*DAIL*	Orion	Emden
DDPA	Nr. 80	Bremen	DJJJ	Orion	Büsum
DDPB	Nr. 94	Bremen	*DAIM*	Osdorf	Hamburg
DDPC	Nr. 125	Bremen	DGYY	Oskar Friedrich	Hamburg
DDPD	Nr. 127	Bremen	*DAIN*	Oskar Schulze	Bremerhaven
DDPE	Nr. 129	Bremen	*DESQ*	Osnabrück	Bremerhaven
DDRM	Nr. 134	Bremen	DJZO	Ost	Lübeck
DDPF	Nr. 135	Bremen	DJBN	Oste	Wyk/Föhr
DDRY	Nr. 136	Bremen	DGYZ	Oste	Hamburg
DDPG	Nr. 137	Bremen	DCNV	Osterems	Borkum
DDRZ	Nr. 141	Bremen	DGZA	Ostetal	Hamburg
DDPI	Nr. 144	Bremen	DCSY	Ostfriesland	Greetsiel
DDPK	Nr. 150	Bremen	DCNW	Ostfriesland	Juist
DDPL	Nr. 153	Bremen	DCNX	Ostfriesland	Oldersum
DDPM	Nr. 156	Bremen			
DDPN	Nr. 157	Bremen			
DDPO	Nr. 158	Bremen			
DDPP	Nr. 160	Bremen			

Unterscheidungssignale	Namen der Schiffe	Heimathafen der Schiffe
DDCG	Ostfriesland	Varelerhafen
DGZB	Ostmark	Hamburg
EAIO	Ostmark	Bremerhaven
DDCH	Ostpreußen	Wilhelmshaven
DAIP	Ostpreußen	Bremerhaven
DJQA	Ostsee	Kiel
DGZC	Ostsee	Hamburg
DIDA	Ostsee	Flensburg
DJZP	Ostwacht	Burg/Fehm.
DCNZ	Ottina	Haren/Ems
DCUS	Otto	Haren/Ems
DEQQ	Otto	Bremerhaven
DDKL	Otto	Brake
DANR	Otto Bröhan	Hamburg
DAIR	Otto Krogmann	Cuxhaven
DHKT	Otto Porr	Hamburg
DCUC	Otto Schepers	Haren/Ems
DHIO	Otto Schubert	Hamburg
DAOL	Pacific	Bremerhaven
DJBZ	Pagensand	Hamburg
DJCZ	Pallas	Flensburg
DGZD	Pallos	Hamburg
DGZE	Palme	Hamburg
DIVD	Paloma	Friedrichskoog
DIVE	Paloma	Hallig Hooge
DJHX	Paloma	Büsum
DJJK	Passarge	Büsum
DAIW	Pan Trades Andros	Bremerhaven
DFIX	Paul	Cuxhaven
DHER	Paul	Hamburg
DEQR	Paul	Bremerhaven
DKCJ	Paul Beneke	Lübeck
DFXL	Paul Gährs	Estebrügge
DHFY	Paul J. Müller	Hamburg
DHHR	Paul Lübcke	Hamburg
DESJ	Paul Meentzen	Bremerhaven
DCOA	Paula	Haren/Ems
DFIY	Paula	Cuxhaven
DEQS	Paula	Bremerhaven
DIVF	Pauline	Neufeld
DCOB	Pauline	Norderney
DDTW	Pauline Friederich	Bremen
DDPZ	Pelikan	Bremen-Vegesack
DJJL	Pellworm	Pellworm
DJJM	Pellworm	Pellworm
DHGP	Pergamon	Hamburg
DCOC	Perle	Carolinensiel
DJZQ	Perseus	Burgstaaken
DFXM	Persia	Dornbusch
DGZG	Peter	Hamburg
DFXN	Peter	Krautsand
DFXO	Peter	Ritsch/Kehd.
DIXG	Peter	Glückstadt
DJTF	Peter	Heikendorf
DGZH	Peter	Cranz/Jork
DJJN	Peter	Husum
DJJO	Peter Lass	Büsum
DAIT	Peter Schlack	Hamburg
DEQT	Peterle	Bremerhaven
DGZI	Petrolina	Hamburg
DCSJ	Petschili	Emden
DDQA	Phoebus	Bremen
DJPH	Phönix	Heikendorf
DJQB	Phoenix	Kiel
DIVG	Pidder Düng	Friedrichskoog
DJMO	Pidder Lüng	Hallig-Hooge
DCOD	Pieter	Carolinensiel
DIXK	Pik As	Glückstadt
DJWK	Pil 50	Burgstaaken
DJQC	Pilot	Laboe
DAIU	Pinguin	Bremen
DGZK	Pinnau	Hamburg
DGZL	Pionier	Hamburg
DJLC	Pionier	Hallig-Hooge
DFXP	Pionier	Krautsand
DCSK	Pionier	Langeoog
DCTW	Pionier II	Emden
DAIV	Pitea	Hamburg
DGZN	Pirat	Hamburg
DJQD	Pirat 2	Kiel
DJQE	Pirat 8	Kiel
DCOE	Pirola	Neuharlingersiel
DDCI	Planet	Wilhelmshaven
DGZR	Polaris	Hamburg
DGZS	Polarstern	Hamburg
DJJP	Polarstern	Büsum
DIVH	Polarstern	Friedrichskoog
DJUJ	Pollux	Kiel
DHEL	Pollux	Oldersum
DETL	Pollux	Bremerhaven
DHLJ	Pollux	Hamburg
DJZS	Polyp	Lübeck
DJZT	Pommern	Großenbrode
DDCJ	Pommern	Wilhelmshaven
DDSH	Porebunder	Bremen
DGZT	Portia	Hamburg
DAGK	Posen	Cuxhaven
DABG	Poseidon	Hamburg
DKDN	Possehl	Lübeck
DFIZ	Präsident Freiherr von Maltzahn	Cuxhaven
DAIX	Präsident Mutzenbecher	Bremerhaven
DGZU	Preciosa	Hamburg
DCOF	Preciosa	Westeraccumersiel
DEQV	Preciosa	Wremen
DJZU	Pregel	Bremen
DEQU	Preil	Bremerhaven
DGZV	Presto	Hamburg
DDIO	Preußen	Bremerhaven

Unterscheidungssignale	Namen der Schiffe	Heimathafen der Schiffe	Unterscheidungssignale	Namen der Schiffe	Heimathafen der Schiffe
DJZV	Preußen	Lübeck-Travemünde	DCAR	Rhein	Duisburg-Ruhrort
DAIY	Preussen	Bremerhaven	DIVK	Rheingold	Hamburg
DCOG	Preußen	Emden	DCOT	Rheinland	Emden
DAJA	Prinz Heinrich	Emden	DHAA	Rheinland	Hamburg
DCOH	Prinz Homburg	Emden	DAJG	Rheinland	Bremen-Vegesack
DJQF	Probst	Eckernförde	*DHHM*	Rheinland	Hamburg
DJMG	Puck	Kappeln/Schlei	DEQW	Rheinland	Bremerhaven
DCOI	Pusch	Bensersiel	DCOU	Ria	Haren/Ems
DDTC	Pylades	Bremen	DDCL	Ria	Wremen
DHJC	Quadriga	Hamburg	DJZY	Richard	Lübeck
DCOJ	Quo Vadis	Haren/Ems	DGJB	Richard	Hamburg
DGZW	Quo Vadis	Hamburg	DCOV	Rina	Carolinensiel
DHIR	Quistorp 3	Hamburg	*DAJH*	Rissen	Hamburg
DHIS	Quistorp 12	Hamburg	DHJB	Rita	Hamburg
DJUL	Radaune	Kiel	DCTJ	Robbe	Norden
DEPP	Rainer Falko	Bremerhaven	*DAKM*	Robert Bornhofen	Hamburg
DDQB	Ramsoy	Bremen	DHAB	Roland	Hamburg
DFXQ	Rebecka	Barnkrug	*DAJI*	Roland	Bremerhaven
DDRG	Rebecka E.	Bremen	DJZZ	Roland	Lübeck
DAJB	Reemt	Hamburg	DFJB	Roland	Dorum
DANS	Rechtenfleth	Bremen	DETH	Rolano	Bremerhaven
DHIX	REG I	Hamburg	DHAC	Rolf	Hamburg
DIVI	Regenpfeifer	Friedrichskoog	DIVL	Rolf Detlef	Wedel
DAJC	Regensburg	Bremerhaven	DHAD	Rolf Hubert	Hamburg
DIVJ	Regina	Glückstadt	DJBO	Rolf Verhey	Wyk/Föhr
DAPE	Regina	Bremen	*DFLS*	Ronald	Bremen
DCOK	Regina	Emden	DAJJ	Rosemarie	Bremerhaven
DDIP	Regina	Brake	*DANT*	Rosengarten	Hamburg-Finkenwerder
DGZX	Regina	Hamburg	DDIR	Rosette	Strohausen
DCOL	Regina	Haren/Ems	DKAA	Roswitha	Niendorf
DCOM	Regina	Haren/Ems	DDQE	Rotesand	Bremen
DCON	Regine	Greetsiel	DHJK	Roter Sand	Hamburg
DAPM	Regulus	Hamburg-Finkenwerder	*DAJK*	Rotersand	Bremerhaven
DAJD	Reiher	Bremerhaven	DHFM	Rudi	Hamburg
DDQC	Reiher	Bremen-Vegesack	DHAE	Rudolf	Hamburg
DJUN	Reiher	Neumühlen b. Kiel	DCOW	Rudolf	Haren/Ems
DDIQ	Reiher	Brake	DJRA	Rudolf	Kiel
DCOO	Reimar	Haren/Ems	DCUM	Rudolf Schepers	Haren/Ems
DGZY	Reina	Hamburg	DHAF	Rügen	Flensburg
DHHI	Reinbek	Hamburg	DHIB	Rügen	Hamburg
DGZZ	Reinhard	Hamburg	DFJC	Rügen	Cuxhaven
DCOP	Reinhard	Haren/Ems	DFXR	Ruhr	Bützfleth
DCOQ	Reinhold	Haren/Ems	*DADB*	Ruhr	Hamburg
DDCK	Reinhold	Wilhelmshaven	DHAG	Rungholt	Hamburg
DIMN	Reini	Kappeln/Schlei	DHAH	Rungholt	Hamburg
DAJE	Remscheid	Cuxhaven	DJBP	Rungholt	Wyk/Föhr
DFJA	Renate	Cuxhaven	DJCQ	Rüm-Hard	Hallig Langeness
DJZX	Renate	Großenbrode	DCOX	Ruth Wiechert	Bensersiel
DJZW	Reni	Lübeck-Travemünde	*DAJL*	Saarland	Bremen-Vegesack
DCOR	Resi	Norderney	DKAB	Sabine	Heiligenhafen
DCOS	Res Nova	Haren/Ems	*DFKU*	Sachsen	Cuxhaven
DJTR	Rex	Eckernförde	*DHJX*	Sachsenwald	Hamburg
DADJ	Rhein	Hamburg			

Unterscheidungssignale	Namen der Schiffe	Heimathafen der Schiffe
DAJM	Sagitta	Bremerhaven
DETB	Salm	Bremerhaven
DCOY	Salva Nos	Haren/Ems
DKAC	Samland	Bremen
DHAK	Samoa	Hamburg
DKAD	Sankt Lorenz	Bremen
DFJD	Sathurn	Hamburg
DDCM	Saturn	Wilhelmshaven
DCTM	Saturn	Emden
DDCN	Saturn	Wilhelmshaven
DIWU	Saxnot	Glückstadt
DESV	Sch 11	Bremerhaven
DHAL	Schalk	Hamburg
DCAP	Scharhörn	Düsseldorf
DANU	Scharhörn	Bremen
DHAM	Schichau	Hamburg
DAJO	Schiewenhorst	Cuxhaven
DHAN	Schlei	Hamburg
DFKS	Schlesien	Cuxhaven
DDST	Schleswig	Bremen-Vegesack
DJNV	Schleswig	Kiel
DJQH	Schleswig-Holstein	Laboe
DESO	Schleswig-Holstein	Bremerhaven
DANV	Schleswig-Holstein	Strande
DANW	Schlutup	Kiel
DKAE	Schneewittchen	Niendorf
DESW	Schütting	Bremerhaven
DAJP	Schulau	Hamburg
DDJT	Schulschiff Deutschland	Oldenburg
DFLL	Schwaben	Cuxhaven
DHAO	Schwalbe	Hamburg
DJTB	Schwalbe	Eckernförde
DHAP	Schwalbe	Hamburg
DCOZ	Schwalbe	Leer
DHAQ	Schwalbe	Hamburg
DJJQ	Schwalbe	Maasholm
DHAR	Schwalbe	Hamburg-Finkenwerder
DCPA	Schwalbe	Leer
DKBV	Schwalbe	Niendorf
DJUV	Schwalbe	Kiel
DIVN	Schwalbe	Friedrichskoog
DFJF	Schwalbe	Cuxhaven
DEQX	Schwalbe	Bremerhaven
DDIS	Schwalbe	Brake
DDIT	Schwalbe	Fedderwardersiel
DCPB	Schwalbe	Neuharlingersiel
DCPD	Schwalbe	Neuharlingersiel
DDCO	Schwalbe	Hocksiel
DDCP	Schwalbe	Varel
DFJG	Schwalbe I	Dorum
DHAS	Schwalbe II	Hamburg
DDQF	Schwan	Rendsburg
DHAT	Schwan	Rendsburg
DJQI	Schwan	Möltenort
DJUW	Schwan	Neumühlen b. Kiel
DIVO	Schwan	Friedrichskoog
DJQJ	Schwansen	Kiel
DJCX	Schwennau	Flensburg
DJUX	Schwentine	Neumühlen b. Kiel
DANX	Schwertfisch	Bremerhaven
DCPE	Sechs Gebrüder	Norddeich
DDIU	Seeadler	Brake
DDIV	Seeadler	Brake
DDIW	Seeadler	Eckwardersiel
DHKC	Seeadler	Hamburg
DFXS	Seeadler	Wischhafen
DCPF	Seeadler	Emden
DJQK	Seeadler	Rendsburg
DAJQ	Seeadler	Nordenham
DHAU	Seeadler	Hamburg
DHAV	Seeadler	Leer
DANY	Seeadler	Hamburg-Finkenwerder
DJJR	Seeadler	Arnis/Schlei
DKAG	Seeadler	Dahme
DKAH	Seeadler	Lübeck-Travemünde
DKAI	Seeadler	Neustadt
DJJS	Seeadler	Büsum
DIVP	Seeadler	Friedrichskoog
DFJH	Seeadler	Otterndorf
DDIW	Seeadler	Eckwardersiel
DCPH	Seeadler	Norderney
DCPI	Seeadler	Norddeich
DCPJ	Seeadler	Norderney
DDCQ	Seeadler	Varelerhafen
DKBM	Seeadler	Burgstaaken
DAJR	Seebär	Bremerhaven
DJBQ	Seebär	Hörnum/Sylt
DAJS	Seefahrt	Bremerhaven
DAJT	Seefalke	Bremerhaven
DIVQ	Seefalke	Friedrichskoog
DDSR	Seefalke	Bremerhaven
DHAW	Seefalke	Hamburg
DFJI	Seehund	Cuxhaven
DJMK	Seehund	Maasholm
DHAX	Seehund	Hamburg
DCPK	Seehund	Norden
DFJJ	Seehund	Dorum
DDIX	Seehund	Blexen
DDCR	Seehund	Wilhelmshaven
DDIY	Seelöwe	Brake
DETJ	Seelust	Bremerhaven
DCPM	Seelust	Spiekeroog
DCPL	Seelust	Westeraccumersiel
DDJX	Seemöve	Brake

Unterscheidungssignale	Namen	Heimathafen
	der Schiffe	
DFJK	Seemöve	Cuxhaven
DHAY	Seemöve	Hamburg
DFJL	Seemöve	Cuxhaven
DHAZ	Seemöve	Hamburg
DJJT	Seemöve	Büsum
DKAJ	Seemöve	Lübeck
DKDS	Seemöve	Lübeck-Travemünde
DIVR	Seemöwe	Friedrichskoog
DCPN	Seemöwe	Norddeich
DEQY	Seenixe	Bremerhaven
DAJU	Seerose	Büsum
DFJM	Seerose	Dorum
DIVS	Seerose II	Neufeld
DJJU	Seeschwalbe	Büsum
DKAK	Seeschwalbe	Lübeck
DFJN	Seeschwalbe	Cuxhaven
DDIZ	Seeschwalbe	Eckwardersiel
DIVT	Seestern	Neufeld
DJJV	Seestern	Büsum
DKAL	Seestern	Heiligenhafen
DFJO	Seestern	Cuxhaven
DCPO	Seestern	Neuharlingersiel
DCPP	Seestern	Ostrhauderfehn
DHBA	Seestern	Hamburg
DJUP	Seestern	Strande
DIVU	Seestern	Burg/Dithm.
DJRI	Seestern	Heikendorf
DHBB	Seeteufel	Hamburg
DFKZ	Seeteufel	Cuxhaven
DAJV	Seeteufel	Bremerhaven
DJUQ	Selekta	Friedrichsort
DHBC	Sellin	Hamburg
DHBD	Selma	Hamburg
DAJW	Senator	Hamburg
DAJX	Senator Heidmann	Cuxhaven
DFJS	Senator Predöhl	Cuxhaven
DAJY	Senator Sachse	Cuxhaven
DFJT	Senator Westphal	Cuxhaven
DANZ	Senior von Sonnenkamp	Bremen
DHBE	Seute Deern	Hamburg
DHBF	Sextant	Bremen
DKAM	Sie 2	Neustadt
DAJZ	Siegfried	Lübeck
DJBT	Siegfried	List/Sylt
DKCX	Siegfried	Tönning
DHGB	Siegfried Brey	Hamburg
DFJU	Siegrid	Neuhaus
DFJV	Sigrid	Cuxhaven
DKAN	Silbermöve	Lübeck
DJBU	Silbermöve	Hörnum/Sylt
DAPL	Silbermöve	Schulau
DJUR	Silbermöwe	Kiel
DHBH	Silvana	Hamburg
DHIC	Simson	Hamburg

Unterscheidungssignale	Namen	Heimathafen
	der Schiffe	
DCPQ	Sina	Haren/Ems
DDJB	Sini	Idafehn
DHBI	Sirene	Hamburg
DFYR	Sirene	Freiburg
DCPR	Sirius	Papenburg
DIVV	Sirius	Seester
DESG	Sirius	Arnis/Schlei
DKCY	Sirius	Neustadt/Holstein
DFXT	Sirius	Wischhafen
DCPS	Sirius	Norddeich
DDCS	Sirius	Wilhelmshaven
DDDK	Sirius	Wilhelmshaven
DAKA	Skagerrak	Hamburg-Finkenwerder
DKAO	Skandia	Flensburg
DAKB	Skolpenbank	Bremerhaven
DHBJ	Sleipner	Hamburg
DHBK	Sleipner	Hamburg
DIVW	Sneppfalk	Brunsbüttelkoog
DAKC	Söderhamm	Hamburg
DJCC	Sölve	Hörnum/Sylt
DJSU	Söte Deern	Eckernförde
DHGY	Sonderburg	Hamburg
DDSZ	Soneck	Bremen
DESU	Sonne	Bremerhaven
DFJW	Sonny Boy	Cuxhaven
DJQL	Sonja	Kiel
DJJW	Sonja-Charlotte	Büsum
DFJX	Sophia	Cuxhaven
DFZC	Sophie	Wischhafen
DFXU	Sophie	Barnkrug
DAOA	Sophie	Leer
DFJY	Sophie	Otterndorf
DAOH	Sparenburg	Emden
DAKD	Specht	Bremen
DDQG	Specht	Bremen-Vegesack
DCPT	Speculant	Ditzum
DDQH	Sperber	Bremen-Vegesack
DHBM	Sperber	Hamburg
DDQI	Sperling	Bremen-Vegesack
DDSP	Sperling	Bremen
DCPU	Spes Mea	Haren/Ems
DAKE	Spessart	Bremerhaven
DCPV	Spica	Ostrhauderfehn
DAKF	Spica	Bremerhaven
DDQJ	Spica	Bremen
DCPW	Spiekeroog	Spiekeroog
DHBN	Spika	Hamburg
DAPG	Spitzbergen	Hamburg-Finkenwerder
DHBP	Spongia	Hamburg
DJQM	Sprott	Eckernförde
DJUS	Spüler III	Rendsburg
DAON	Squall	Bremerhaven

Unterscheidungssignale	Namen der Schiffe	Heimathafen der Schiffe	Unterscheidungssignale	Namen der Schiffe	Heimathafen der Schiffe
DHBQ	Stade	Hamburg	DJLE	Sturmvogel	St. Peter
DAOB	Stade	Cuxhaven	DIWB	Sturmvogel	Friedrichskoog
DDTB	Stadland	Bremen	DJBV	Sturmvogel	List/Sylt
DJLM	Stadt Husum	Husum	DKAR	Sturmvogel	Heiligenhafen
DJUY	Stadt Kiel	Kiel	*DAKO*	Stuttgart	Bremerhaven
DJRC	Stadtrat Suhr	Heikendorf	DJQS	Sucher	Rendsburg
DAKG	Steckelhörn	Cuxhaven	DHBW	Süd II	Hamburg
DAKH	Steegen	Cuxhaven	DIWD	Süderau	Hallig-Langeness
DJUZ	Steffen	Kiel	DFXV	Süderelbe	Dornbusch
DCPZ	Steffi	Haren/Ems	DHBX	Süderilw	Finkenwerder
DJQN	Stei 9	Stein	DJKC	Süderoog	Pellworm
DJVA	Stein	Kiel	DJKD	Südfall	Büsum
DHBS	Steinburg	Hamburg	DJKE	Südwest	Naasholm
DKAP	Steinbutt	Heiligenhafen	DHEP	Süd-West	Hamburg
DAKI	Steinbutt	Hamburg	DHBY	Sülfmeister	Hamburg
DHBT	Steinhöft	Hamburg	*DHKQ*	Süllberg	Hamburg
DAPF	Stella	Bremerhaven	*DAOP*	Surf	Bremerhaven
DCQA	Stephan	Haren/Ems	DCQD	Susanna-Maria	Haren/Ems
DJVB	Stettin	Kiel	DJKF	Svea	Tönning
DAKJ	Stettin	Lübeck	DFXW	Swanhild	Cuxhaven
DAKK	Stettin	Emden	DKAS	Swea	Lübeck-Travemünde
DACC	Stettiner Greif	Hamburg	*DAOQ*	Swell	Bremerhaven
DDQK	Stieglitz	Bremen-Vegesack	DFKB	Sybille	Cuxhaven
DAKL	Stillesee	Hamburg	*DAPF*	Sylt	Hamburg
DDJD	Stina	Brake	DERA	Sylt	Bremerhaven
DCUL	St. Antonius	Haren/Ems	*DAKQ*	Sylt	Bremerhaven
DCPX	St. Joseph	Haren/Ems	*DHIV*	Tanga	Hamburg
DCPY	St. Nikolaus	Haren/Ems	DGGZ	Tankleichter Elbe	Hamburg
DFKA	St. Pauli	Cuxhaven	DGYT	Tankleichter Oder	Hamburg
DHBU	Stör	Hamburg	*DAKR*	Tannenberg	Cuxhaven
DHBV	Stör	Hamburg-Altenwerder	DHCA	Taube	Hamburg
DJJX	Störtebecker	Büsum	DDQM	Taube	Bremen-Vegesack
DCQB	Störtebecker	Borkum	DFKC	Taube	Cuxhaven
DDCT	Störtebecker	Varelerhafen	DHCB	Tatti	Hamburg
DJJY	Stollberg	Büsum	DHCC	Taucher Flint I	Hamburg
DAOO	Storm	Bremerhaven	DHCD	Taucher Flint II	Hamburg
DJJZ	Stralsund	Büsum	DHCE	Taucher Flint III	Hamburg
DHIZ	Stralsund	Hamburg	DHCF	Taucherfahrzeug III	Hamburg
DHID	Stralsund	Hamburg	DHCG	Taucher Harmstorf 5	Hamburg
DDSQ	Strande I	Bremen	DHCH	Taucher Harmstorf 6	Hamburg
DJVD	Strande II	Kiel	DHCI	Taucher Ottar Harmstorf IX	Hamburg
DERX	Strassburg	Bremerhaven	*DFKD*	Taucher Otto Wulf	Cuxhaven
DDQL	Strauss	Bremen-Vegesack	*DAIS*	Taucher Otto Wulf III	Cuxhaven
DJKA	Stropp	Büsum	DFKW	Taucher Otto Wulf IV	Cuxhaven
DJVH	St. S. 80	Kiel	DCQE	Taucher Picksack	Oldersum
DJVI	St. S. 81	Kiel	DFKE	Taucher Sievers.	Cuxhaven
DDQY	Stur	Bremen	DFXX	Telse-Inge	Krautsand
DKAQ	Sturmvogel	Burgstaaken/Fehm.			
DDJE	Sturmvogel	Großensiel			
DCQC	Sturmvogel	Greetsiel			
DIVZ	Sturmvogel	Friedrichskoog			
DIWA	Sturmvogel	Brunsbüttelkoog			
DEQZ	Sturmvogel	Bremerhaven			
DIWC	Sturmvogel	Kasenort			
DJKB	Sturmvogel	Büsum			

Unterscheidungssignale	Namen der Schiffe	Heimathafen
DCQF	Tempo	Haren/Ems
DHHQ	Tender	Hamburg
DAOR	Tern	Bremerhaven
DCQH	Thea	Haren/Ems
DHCJ	Thea	Hamburg
DIWE	Thea	Kollmar/Holst.
DHCK	Thea	Hamburg
DJQT	Thea	Laboe
DCQI	Theda	Oldersum
DAKV	Thees Bott	Hamburg-Finkenwerder
DDJF	Thekla	Barssel
DCQJ	Thekla Helene	Haren/Ems
DAKS	Theodor	Lübeck
DCQK	Theo-Grete	Haren/Ems
DAKT	Theseus	Bremen
DERB	Thetis	Bremerhaven
DHGR	Thetis	Hamburg
DHCL	Thomas	Hamburg
DHCM	Thomas Wiechert	Hamburg
DERW	Thor	Bremerhaven
DAKW	Thor	Kiel
DIWF	Thor	Büsum
DHHN	Thor	Hamburg
DHHX	Thüringen	Hamburg
DAKX	Thüringen	Cuxhaven
DAKY	Thüringen	Bremen-Vegesack
DKAT	Thyland	Lübeck
DIXN	Thyra	Elmshorn
DDCU	Tide	Varelerhaven
DAKU	Tide	Bremerhaven
DDJR	Tiefbau	Blexen
DDQN	Tilly	Bremen
DHGC	Tilly Russ	Hamburg
DCQL	Tim	Haren/Ems
DHCN	Tina Meta	Hamburg
DIWY	Tine	Friedrichskoog
DHCO	Tine Schröder	Hamburg
DCQM	Tini	Emden
DHCP	Tinka	Hamburg
DAKZ	Titan	Hamburg
DIWG	Tiu	Glückstadt
DCQN	Tjeda	Emden
DJKG	Tön 31	Tönning
DJMA	Tön 9	Tönning
DHCQ	Toni	Hamburg
DKAU	Tra 9	Lübeck-Travemünde
DKAV	Tra 14	Lübeck-Travemünde
DKAW	Tra 20	Lübeck-Travemünde
DKCE	Tra 32	Husum
DKDL	Tra 37	Lübeck-Travemünde
DKBD	Tra 49	Lübeck-Travemünde

Unterscheidungssignale	Namen der Schiffe	Heimathafen
DFKG	Traute	Neuhaus/Oste
DERC	Traute	Bremerhaven
DIWH	Traute	Glückstadt
DJKK	Traute	Eckernförde
DKAX	Travemünde	Lübeck
DHCR	Treue	Hamburg
DCQP	Trientje	Iheringsfehn
DHCS	Triton	Hamburg
DHHK	Triton	Hamburg
DDRO	Triton	Bremen
DFYK	Trinchen	Barnkrug
DJVK	Troll	Kiel
DHHG	Tross	Hamburg
DDCV	Trotz	Varelerhafen
DCQQ	Tümmler	Juist
DKBL	Tümmler	Lübeck-Travemünde
DGTL	Uhlenhorst	Hamburg
DHGG	Ulmbrüder 3	Hamburg
DHGS	Ulmbrüder 4	Hamburg
DHHE	Ulmbrüder 5	Hamburg
DHCT	Undine	Hamburg
DCQR	Undine	Ostrhauderfehn
DHCU	Undine	Hamburg
DDQO	Unitas I	Bremen
DKDJ	Unverzagt	Lübeck
DERN	Unverzagt	Bremerhaven
DIWI	Urania	Friedrichskoog
DDJG	Uranus	Kleinensiel
DERD	Uranus	Lübeck-Travemünde
DHCV	Uranus	Hamburg
DFYN	Uranus	Abbenfleth
DAOE	Ursel	Elsfleth
DGUK	Ursel	Hamburg
DALA	Ursula	Hamburg
DCQS	Ursula	Emden
DJKH	Ursula	Büsum
DKAY	Ursula	Travemünde
DFKH	Ursula	Cuxhaven
DFKI	Ursula	Cuxhaven
DDJH	Ursula	Brake
DESI	Ursula Marie	Bremerhaven
DFXY	Uta	Stade
DJQV	Ute	Kiel
DJBW	Uthlande	Wyk/Föhr
DHCW	Uwe	Rendsburg
DCQT	Uwe	Leer
DHCX	Uwe-Ursula	Hamburg
DHCY	Valborg	Hamburg
DJBX	Valda	Flensburg
DETG	Vaterland	Bremerhaven
DFKJ	Vaterland	Dorum
DGWK	Vegesack	Bremen
DALB	Venus	Bremen
DFXZ	Venus	Wisch/Jork
DFYA	Venus	Gauensiek
DCQU	Venus	Norderney

Unterscheidungssignale	Namen der Schiffe	Heimathafen der Schiffe
DCQV	Venus	Warsingsfehn
DDCW	Venus	Wilhelmshaven
DALG	Venus	Bremerhaven
DKBG	Venus	Burgstaaken
DCQW	Venus	Emden
DJKK	Venus	Büsum
DJCS	Venus	Flensburg
DCQX	Venus	Norddeich
DJKL	Vera	Büsum
DJQW	Veritas	Kiel
DHCZ	Vertrauen	Hamburg
DHDA	Vertrauen	Hamburg
DCQY	Vertrauen	Warsingsfehn
DCQZ	Vesta	Emden
DDTD	Vesta	Bremen
DHDB	Victor	Emden
DCRC	Victoria	Emden
DALC	Victoria	Lübeck
DFKK	Victoria	Dorum
DALD	Victoria	Bremen
DCRA	Vier Gebrüder	Warsingsfehn
DCRB	Vier Gebrüder	Carolinensiel
DALE	Vierlande	Hamburg
DJQX	Viktoria	Kiel
DKAZ	Vineta	Lübeck
DFYB	Vineta	Barnkrug
DCTX	Vineta	Norderney
DHHC	Virgilia	Hamburg
DHKU	Vogtland	Hamburg
DCRD	Vooruit	Norddeich
DHDC	Vorsetzen	Hamburg
DJKM	Vorwärts	Husum
DALF	Vorwärts	Hamburg
DIWJ	Vorwärts	Brunsbüttelkoog
DERE	Vorwärts	Bremerhaven
DCRE	Vorwärts	Westeraccumersiel
DCRF	Vorwärts	Langeoog
DCRG	Vorwärts	Neuharlingersiel
DCRH	Vorwärts	Greetsiel
DHDD	Vorwärts	Hamburg
DHDE	Vorwärts	Hamburg
DDJI	Vorwärts	Brake
DCRI	Vorwärts	Rhaudermoor
DJVL	Vorwärts	Brunsbüttelkoog
DALH	Wachtel	Bremen-Vegesack
DDCX	Wal	Varelerhafen
DHDG	Walküre	Hamburg
DJBY	Walküre	Flensburg
DFKL	Walter	Cuxhaven
DIWK	Walter	Hamburg
DHDH	Walter	Hamburg
DFYC	Walter	Estebrügge
DHDI	Walter	Hamburg
DFWA	Walter	Lübeck
DHDJ	Waltraud	Hamburg
DJVX	Waltraud Behrmann	Rendsburg
DFLP	Waltraut	Cuxhaven
DHDK	Waltraute	Hamburg
DHDL	Wanda	Hamburg
DFKM	Wandrahm	Cuxhaven
DHIK	Wandrahm	Hamburg
DCRJ	Wangeroog	Carolinensiel
DDSD	Wangerooge	Bremen
DDQP	Warfleth	Bremen-Vegesack
DESD	Wartburg	Bremerhaven
DIWL	Wedel	Glückstadt
DHDM	Wega	Hamburg
DCRK	Wega	Ostrhauderfehn
DCRL	Wega	Norddeich
DKDD	Wega	Heiligenhafen
DHDN	Wega	Bremen
DALI	Wega	Bremerhaven
DKBA	Weichsel IV	Lübeck
DHDO	Weißer Greif	Kiel
DDSU	Weissesee	Bremen
DHDP	Welf	Hamburg
DHGE	Welle	Hamburg
DCRM	Welle	Carolinensiel
DDKC	Welle	Brake
DFKN	Welle	Cuxhaven
DKDK	Welle	Burgstaaken/Fehmarn
DDQQ	Wellgunde	Bremen-Vegesack
DJQY	Wellingdorf	Kiel
DJSK	Wellingdorf	Kiel
DKCD	Werner	Burgstaaken
DJCJ	Werner	Flensburg
DHDR	Werner	Hamburg
DFKO	Werner	Cuxhaven
DJKN	Werner	Büsum
DALJ	Werner II	Flensburg
DDQR	Weser	Bremen
DHIJ	Weser	Hamburg
DALK	Weser	Bremerhaven
DHDS	Weser	Hamburg
DDJJ	Weserlust	Fedderwardersiel
DERH	Wesermarsch	Bremerhaven
DERI	Weser-River	Eckernförde
DHFI	West	Bremerhaven
DHDT	Westerdiek	Hamburg-Finkenwerder
DCRN	Westerems	Borkum
DALM	Westerland	Bremerhaven
DALO	Westfalen	Bremen-Vegesack
DDQS	Wester Till	Bremen
DERJ	Westfalen	Bremerhaven
DALP	Westpreußen	Bremerhaven
DALR	Widder	Bremen
DIWT	Widder	Schulau
DIXO	Wiebke	Heiligenstedten
DCRO	Wienhard	Ditzum

Unter-scheidungs-signale	Namen der Schiffe	Heimathafen der Schiffe
DALQ	Wiesbaden	Cuxhaven
DDQT	Wietze	Vegesack
DCRP	Wiking	Greetsiel
DHDU	Wilfried	Hamburg
DHDV	Wilfriede Klünder	Hamburg
DJQZ	Wilhelm	Breiholz
DCRQ	Wilhelm	Haren/Ems
DDQU	Wilhelm	Bremen-Vegesack
DJVP	Wilhelm	Kiel
DAOX	Wilhelm Kaisen	Bremerhaven
DJKO	Wilhelm Külper	Büsum
DJLW	Wilhelm Lass	Husum
DDJK	Wilhelm Lühring	Brake
DALS	Wilh. Michaelsen	Hamburg
DERK	Wilhelm Peter	Bremerhaven
DIWM	Wilhelm Schiermann	Uetersen
DHDW	Wilhelmina	Hamburg
DCRR	Wilhelmina	Leer
DFKP	Wilhelmina	Cuxhaven
DCRS	Wilhelmine	Warsingsfehn
DCRT	Wilhelmine	Westrhauderfehn
DIXS	Wilhelmine	Friedrichskoog
DHDX	Wilhelmine	Hamburg
DDJL	Wilhelmine	Brake
DJKP	Wilhelmine	Büsum
DHDY	Wilhelmine	Hamburg-Altenwerder
DIWN	Wilhelmine	Brunsbüttelkoog
DJKQ	Wilhelmine II	Büsum
DHJA	Willem Mennen	Hamburg
DHDZ	Willida	Hamburg
DCRU	Willig	Fedderwardersiel
DCRV	Willi	Norderney
DHEA	Willy Charles	Hamburg
DFKQ	Willkomm	Cuxhaven
DERL	Willkommen	Bremerhaven
DHEB	Willy Marie	Hamburg
DJKR	Willy Meinhardt	Husum
DCRW	Wilma	Haren/Ems
DERM	Wilma	Bremerhaven
DDDA	Wilma	Varelerhafen
DALT	Wilma	Hamburg-Finkenwerder
DALU	Wiltrud	Hamburg-Finkenwerder

Unter-scheidungs-signale	Namen der Schiffe	Heimathafen der Schiffe
DFYD	Windhuk	Assel
DHEC	Windhund	Hamburg
DFYE	Windsbraut	Borstel/Jork
DFYF	Windsbraut	Wischhafen
DFYG	Windsbraut	Laboe
DIWO	Windsbraut	Dieksanderskoog
DHKI	Winnetou	Hamburg
DFLJ	Witten	Cuxhaven
DJKS	Woge	Wöhrden
DJRE	Wogram	Heikendorf
DJLH	Wohlfahrt	Büsum
DJKU	Wohlfahrt	Maasholm
DHED	Wolf	Hamburg
DJKV	Wolf	Husum
DHHU	Wolfsburg	Hamburg
DHEE	Wotan	Hamburg
DHIW	Wotan	Hamburg
DHEF	Wotan	Hamburg
DDQV	Wotan	Bremen-Vegesack
DJKW	Woterküken	Büsum
DHEG	Woterküken	Hamburg-Finkenwerder
DALV	Württemberg	Bremerhaven
DDSL	Württemberg	Bremen-Vegesack
DALX	Yorck	Bremerhaven
DDQW	Zaunkönig	Bremen-Vegesack
DALY	Zeus	Bremen
DDTV	Zeus II	Bremen
DIXA	Zita	Elmshorn
DKBB	Zoppot	Lübeck
DIWP	Zukunft	Uetersen
DJKX	Zukunft	Büsum
DJKY	Zukunft	Tönning
DJKZ	Zukunft	Husum
DFKR	Zukunft	Dorum
DCRX	Zukunft	Wilhelmshaven
DCRY	Zukunft	Greetsiel
DCRZ	Zwei Gebrüder	Haren/Ems
DCSA	Zwei Gebrüder	Warsingsfehn
DCSC	Zwei Gebrüder	Leer
DDJM	Zwei Gebrüder	Fedderwardersiel
DKBO	Zwei Gebrüder	Heiligenhafen
DCSB	Zwei Gebrüder	Ditzum
DALZ	Zwickau	Cuxhaven

Nachtrag

zur

Amtlichen Liste

(Neuzugange wahrend der Drucklegung)

Unter-scheidungs-signale	Namen der Schiffe	Heimathafen	Kubikmeter (Nettoraumgehalt)	Registertons (Nettoraumgehalt)	PS
DBHC	Wasserschutzpoliz. 12	Bremen			
DCSM	Justine Wessels	Emden	200*	70,61*	
DCSN	Sophie Wessels	Emden	116,8*	41,22*	
DCSO	Gerrit Wessels	Emden	163,2*	57,62*	
DCUT	Uwe	Leer	3,4	1,20	36
DCUX	Katharina Dorothea Fritzen	Emden		3777	2200
DCUY	Ditzum-Petkum	Ditzum	50,7	17,90	
DCUZ	Martha	Bremen	416,1	146,87	
DCVA	Rolf	Haren/Ems	273,2	96,44	250
DCVB	Wilhelm Nübel	Emden	4474,9	1579,65	1250
DCVC	Christel	Haren/Ems	348,3	122,97	
DDDE	Hans Otto	Wilhelmshaven	2,3	0,81	15
DDKH	Gebrüder	Nordenham	18,5	6,54	
DDKM	Erich	Brake	4474,8	1579,61	
DDKN	Charlotte	Elsfleth	411,2	145,16	
DDKO	Elli Ahrens	Brake	406,3	143,41	
DDTX	Antares	Bremen	4087,7	1442,97	2300
DDTY	Strauss	Bremen			
DDTZ	Jakob Pollmann	Bremen	398,3	140,61	250
DDUA	Flut	Bremen	408,3	144,15	250
DDUB	Möwe	Bremen	2123,1	749,46	1500
DDUC	Bellona	Bremen	1967,7	594,59	1100
DDUD	Hector	Bremen	2247,4	793,35	1400
DDUE	Adolf Vinnen	Bremen	7362,6	2599,00	
DDUF	Consul Arlt	Bremen	2225,8	785,70	1650
DETO	Tübingen	Bremerhaven	509,6	179,88	
DETQ	Bernhard Grundmann	Bremerhaven	679,6	239,88	
DETS	Tagila	Bremerhaven	63,6	22,46	
DETT	Ostpreußen	Bremerhaven	60,2	21,24	
DETU	Anneliese	Bremerhaven	60,9	21,51	
DETW	Käppen John	Bremerhaven	58,1	20,51	
DETX	Pirola	Bremerhaven	63,6	22,44	
DETY	Wanderer	Bremerhaven	59,7	21,09	
DETZ	Hella	Bremerhaven	63,6	22,44	
DFLR	Fischereidirektor Meinken	Bremerhaven	134,72	47,56	
DFLT	Helgoland	Bremerhaven	63,5	22,31	
DFLU	Erna	Cuxhaven		68,93*	
DFLV	Günther	Cuxhaven	86,4	30,51	

* = Bruttoraumgehalt.

Unterscheidungssignale	Namen der Schiffe	Heimathafen der Schiffe	Kubikmeter Nettoraumgehalt	Registertons Nettoraumgehalt	PS
DFLW	Darmstadt	Cuxhaven	476,0	168,1	
DFZE	Ruth-Dieter	Stade	268,9	94,94	
DHKL	Bernhard Blumenfeld	Hamburg	3054,0	1078,06	
DHKZ	Zuversicht	Hamburg	382,4	134,97	120
DHLA	Oldenburg	Hamburg	1861,9	657,24	
DHLB	Millerntor	Hamburg	7895	2787,0	
DHLC	Wilhelm Russ	Hamburg	1514,4	534,58	
DHLD	Robert Eckelmann	Hamburg	351,5	124,07	
DHLE	Hamburg	Hamburg	3507,2	1238,04	
DHLF	Sylvia	Hamburg	908,3	320,62	
DHLG	Ravensberg	Hamburg		7365	
DHLH	Günther Russ	Hamburg	1526,4	538,81	
DHLI	Glückauf	Hamburg	423,0	149,31	
DHLK	Krautsand	Hamburg	399,1	137,70	
DHLL	John Augustus Essberger	Hamburg		5523	
DHLM	Las Palmas	Hamburg	2749,8	976,69	
DHLN	Holstein	Hamburg			
DHLO	Berlin	Hamburg	9179,5	3240,38	
DHLP	Beteigeuze	Hamburg		2800	
DHLQ	Rabat	Hamburg	1860,7	656,82	
DHLR	Wilhelm Bornhofen	Hamburg	5229,3	1845,95	
DHLS	Kapt. Jan Reinicke	Hamburg	2013,6	710,81	
DHLU	Tenerife	Hamburg	2749,8	970,69	
DIXR	Antje Jansen	Ütersen	411,1	145,12	
DIXS	Wilhelmine	Friedrichskoog	9,4	3,3	50
DIXT	Anke Christa	Glückstadt	62,4	22,04	
DIXU	Grete	Breitenburg	58,1	20,52	
DJDD	Merkur	Flensburg	413,3	145,91	
DJIH	Mariechen	Maasholm	6,8	2,41	50
DJLD	Annemarie	Kappeln	23,1	8,17	
DJLP	Ilse	Olversum	5,0	1,76	20
DJLR	Hans	Büsum	10,3	3,62	
DJLS	Maa 118	Maasholm	6,4	2,24	
DJLU	Wiking	Büsum	16,1	5,68	
DJLV	Christel	Büsum	20,8	7,34	
DJLX	Tertius	Büsum	64,9	22,91	
DJLZ	Sperber	Büsum	19,4	6,86	
DJMQ	Anne Ohl	Ulsnis	389,5	137,51	
DJMR	Marga	Maasholm	29,3	10,35	
DJTH	Hei 28	Heikendorf	21,9	7,75	
DJTV	Annemarie	Kiel	1290,2	455,43	
DJTY	Kehrwieder	Eckernförde	13,7	4,85	
DJUE	Roland	Kiel	871,5	307,65	
DJUF	Eike Knudsen	Rendsburg	339,2	119,74	
DJUH	Rendsburg	Kiel	489,5	172,80	
DJUI	Jaguar	Rendsburg	49,9*	17,60*	
DKDV	Fritz Schliewen	Lübeck	4352,5	1536,43	
DKDW	Lübeck	Lübeck	1254,4	442,80	
DKDY	Paula Helling	Niendorf/Ostsee	32,6	11,52	

* = Bruttoraumgehalt.

FSC
www.fsc.org
MIX
Papier | Fördert
gute Waldnutzung
FSC® C083411

Kolibri 360 GmbH
Ferdinand-Jühlke-Straße 7
99095 Erfurt, Deutschland
produktsicherheit@kolibri360.de